教育部职业教育与成人教育司推荐教材
中等职业学校机械专业教学用书

公 差 与 配 合

第 2 版

中国机械工业教育协会
全国职业培训教学工作指导委员会　组编
机电专业委员会

何兆凤　编

机 械 工 业 出 版 社

本书为中等职业学校机械专业的专业基础课教材，其主要内容包括：极限与配合、技术测量的基本知识及常用计量器具、几何公差、公差原则及其应用、表面粗糙度、光滑工件尺寸的检测等。

本书可供中等职业学校机械类专业的师生使用，也可作为中级技能人才培训和工人自学用书。

图书在版编目（CIP）数据

公差与配合/何兆凤编. —2版. —北京：机械工业出版社，2012.12（2023.9重印）

教育部职业教育与成人教育司推荐教材. 中等职业学校机械专业教学用书

ISBN 978-7-111-40652-5

Ⅰ.①公… Ⅱ.①何… Ⅲ.①公差—配合—中等专业学校—教材 Ⅳ.①TG801

中国版本图书馆CIP数据核字（2012）第288109号

机械工业出版社（北京市百万庄大街22号 邮政编码100037）
策划编辑：王晓洁 责任编辑：王晓洁
版式设计：赵颖喆 责任校对：刘秀芝 常天培
封面设计：赵颖喆 责任印制：任维东
北京圣夫亚美印刷有限公司印刷
2023年9月第2版第12次印刷
184mm×260mm · 13.75印张 · 314千字
标准书号：ISBN 978-7-111-40652-5
定价：35.00元

凡购本书，如有缺页、倒页、脱页，由本社发行部调换

电话服务	网络服务
社服务中心：(010)88361066	教材网：http://www.cmpedu.com
销售一部：(010)68326294	机工官网：http://www.cmpbook.com
销售二部：(010)88379649	机工官博：http://weibo.com/cmp1952
读者购书热线：(010)88379203	**封面无防伪标均为盗版**

教育部职业教育与成人教育司推荐教材
中等职业学校机械专业教学用书
编审委员会名单

本书编者　何兆凤

前　言

由中国机械工业教育协会、全国职业培训教学工作指导委员会机电专业委员会组编的“中等职业学校机械专业和电气维修专业教学用书”（共22种）自2003年出版以来，已多次重印，受到了教师和学生的广泛好评，其中17种被评为“教育部职业教育与成人教育司推荐教材”。

随着技术的进步和职业教育的发展，本套教材中涉及的一些技术规范、标准已经过时，同时，近年来各学校普遍进行了教学和课程的改革，使教学内容也有了一定的更新和调整。为更好地服务教学，我们对本套教材进行了修订。

在修订过程中，贯彻了“简明、实用、够用”的原则，反映了新知识、新技术、新工艺和新方法，体现了科学性、实用性、代表性和先进性，正确处理了理论知识与技能的关系。本次修订充分继承了第1版教材的精华，在内容、编写模式上做了较多的更新和调整。为适应教学改革的需要，部分专业课教材采用任务驱动模式编写。本套教材全部配有电子课件，部分教材配有习题集或课后习题。第2版教材具有以下特点：

（1）职业性　专业设置参照有关专业目录，并根据职业发展变化和社会实际需求确定。

（2）先进性　本套教材在修订过程中，主要是更新陈旧的技术规范、标准、工艺等，做到知识新、工艺新、技术新、设备新、标准新，并根据教学需要，删除过时和不符合目前授课要求的内容，精简繁杂的理论，适当增加、更新相关图表和习题，重在使学生掌握必需的专业知识和技能。

（3）实践性　重视实践性教学环节，加强了技能训练和生产实习教学，努力实现产教结合。

（4）实用性　与企业培训和其他类型教育相沟通，与国家职业资格证书体系相衔接。

本套教材的编写工作得到了各相关学校领导的重视和支持，参加教材编审的人员均为各校的教学骨干，使本套教材的修订工作能够按计划有序地进行，并为编好教材提供了良好的保证，在此对各个学校的支持表示感谢。

本书由何兆凤编写。

尽管我们不遗余力，但书中仍难免存在不足之处，敬请读者批评指正。我们真诚地希望与您携手，共同打造职业教育教材的精品。

中国机械工业教育协会

全国职业培训教学工作指导委员会机电专业委员会

目　录

绪　　论

一、互换性概述

1. 互换性的含义

在人们日常生活中，有大量现象涉及互换性。例如，机器或仪器上掉了一个螺钉，按相同的规格换一个装上就行了；灯泡坏了，买一个安上就行了；汽车、自行车、手表、电视机等的零部件，若有损坏，只需换上新件即可正常使用。

在制造业中，互换性是指制成的同一规格的一批零件或部件，不需作任何挑选、调整或辅助加工（如钳工修理），就能进行装配，并能满足机械产品的使用性能要求的一种特性。显然，互换性应同时具备两个条件，即不需挑选、不经修理就能进行装配；装配以后能满足使用要求。

要使零件具有互换性，就必须保证零件几何参数的准确性。但是，零件在加工过程中不可避免地要产生误差，而且这些误差可能会影响到零件的使用性能。如何解决这个问题呢？实践证明，只要将这些误差控制在一定范围内，即按“公差”来制造，仍能满足零件使用功能的要求，也就是说仍可以保证零件的互换性要求。公差是指零件的几何参数允许的变动量，它主要包括尺寸误差、几何误差和表面微观形状误差——表面粗糙度。

2. 互换性的种类

互换性按其程度和范围的不同，可分为完全互换性（绝对互换性）与不完全互换性（有限互换性）。

若零件在装配或更换时，不需选择、不需调整与修理，其互换性称为完全互换性。当装配精度要求较高时，采用完全互换将使零件制造公差很小，加工困难，成本很高，甚至无法加工。这时，可将零件的制造公差适当地放大，使之便于加工，加工后，零件按尺寸大小分成若干组，减小每组零件之间的尺寸差别，装配时则按相应组进行（例如，大孔与大轴相配，小孔与小轴相配）。这样，既可保证装配精度和使用要求，又能解决加工困难，降低成本。此时，仅组内零件可以互换，组与组之间不可互换，将此种互换性称为不完全互换性。

一般情况下，不完全互换只用于部件或机构的制造厂内部的装配，至于厂外协作，即使产量不大，往往也要求完全互换。

3. 互换性的作用

1）从设计角度看，按照互换性要求设计产品，最适合选用具有互换性的标准零部件、通用件，使设计、计算、制图等工作大为简化，且便于用计算机进行辅助设计，缩短设计周期，加快产品更新换代。

2）从制造角度看，按互换性原则组织生产，各个工件可同时分别加工，实现专业化协调生产，便于用计算机辅助制造，以提高产品质量和生产率，降低制造成本。

3）从装配角度看，由于零部件具有互换性，可提高装配质量，缩短装配周期，便于实现装配自动化，提高装配生产率。

4）从使用角度看，由于具有互换性，若零部件坏了，可方便地用备件替换，既可缩短维修时间，又能保证维修质量，从而可提高机器的利用率，延长机器的使用寿命。

二、标准化

要实现互换性，就要严格按照统一的标准进行设计、制造、装配、检验等。因为现代制造业分工细、生产规模大、协作工厂多、互换性要求高。因此，必须严格按标准协调各个生产环节，才能使分散、局部的生产部门和生产环节保持技术统一，使之成为一个有机的生产系统，以实现互换性生产。

标准是指根据科学技术和生产经验的综合成果，在充分协商的基础上，对技术、经济和相关特征的重复之物，由主管机构批准，并以特定形式颁布统一的规定，作为共同遵守的准则和依据。本课程涉及的技术标准多为强制性标准，必须贯彻执行。

技术标准是指作为科研、设计、制造、检验和工程技术、产品、技术设备等制定的标准，其种类繁多，一般可归纳为基础标准、产品标准、方法标准、安全卫生与环保标准等。本课程所讲的极限与配合标准、几何公差标准、表面粗糙度标准等都属于基础标准。

标准化是指在制定标准、组织实施标准和对标准实施进行监督的社会活动的全过程。可见，标准化不是一个孤立的概念，而是一个包括制定、贯彻、修订标准，循环往复，不断提高的过程。

各国经济发展的过程表明，标准化是实现现代化的重要手段之一，也是反映现代化水平的重要标志之一。随着科学技术和经济的发展，我国的标准化工作的水平日益提高，在发展产品种类、组织现代化生产、确保互换性、提高产品质量、实现专业化协作生产、加强企业科学管理和产品售后服务等方面发挥了积极的作用，推动了技术、经济和社会的发展。

标准化是组织现代化生产的一个重要手段，是实现专业化协调生产的必要前提，是科学管理的重要组成部分。同时，它又是联系科研、生产、物流、使用等方面的纽带，是社会经济合理化的技术基础，还是发展经贸、提高产品在国际市场竞争能力的技术保证。此外，在制造业，标准化是实现互换性生产的基础和前提。总之，标准化直接影响科技、生产、管理、贸易、安全卫生、环境保护等诸多方面，必须坚持贯彻执行标准，不断提高标准化水平。

三、几何要素

几何要素存在于产品几何量的设计、工件、检验三个范畴中。设计的范畴，指设计者对未来工件的设计意图进行表述；工件的范畴，指物质和实体；检验的范畴，指通过计量器具对工件取样进行检验来表示给定的工件。正确理解这三个范畴非常重要。

几何要素是指构成零件几何特征的点、线、面（简称要素），它有组成要素和导出要素之分，前者是指零件上的面或面上的线；后者是指由一个或几个组成要素得到的中心点、中心线或中心面。例如：球心是由球面得到的导出要素，该球面为组成要素；圆柱的中心线是由圆柱面得到的导出要素，该圆柱面为组成要素。

1. 公称组成要素

由技术制图或其他方法确定的理论正确组成要素，如图0-1a所示。

2. 公称导出要素

由一个或几个公称组成要素导出的中心点、轴线或中心平面，如图0-1a所示。

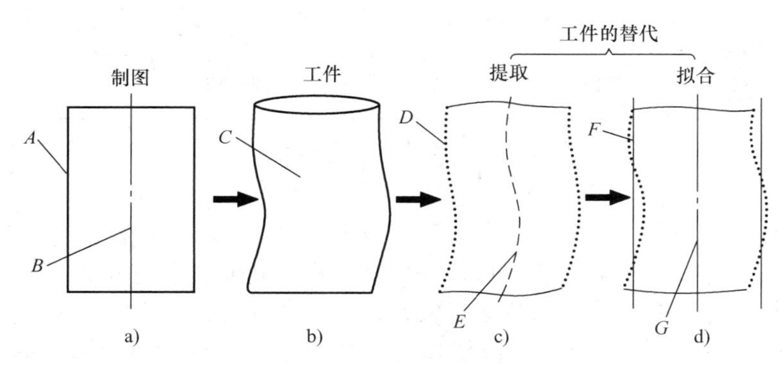

图 0-1　几何要素定义之间的相互关系

A—公称组成要素　*B*—公称导出要素　*C*—实际（组成）要素　*D*—提取组成要素

E—提取导出要素　*F*—拟合组成要素　*G*—拟合导出要素

3. 工件实际表面

实际存在并将整个工件与周围介质分割的一组要素。

4. 实际（组成）要素

由接近实际（组成）要素所限定的工件实际表面的组成要素部分，如图 0-1b 所示。

5. 提取组成要素

按规定方法，由实际（组成）要素提取有限数目的点所形成的实际（组成）要素的近似替代，如图 0-1c 所示。

6. 提取导出要素

由一个或几个提取组成要素得到的中心点、中心线或中心面，如图 0-1c 所示。

7. 拟合组成要素

按规定方法，由提取组成要素形成的并具有理论形状的组成要素，如图 0-1d 所示。

8. 拟合导出要素

由一个或几个拟合组成要素导出的中心点、轴线或中心平面，如图 0-1d 所示。

四、本课程的性质、任务与基本要求

“公差与配合”是中等职业技术学校机械类专业的一门技术基础课。设置本课程，是为了给专业课和生产实习打下必要的基础。

本课程的任务是通过学习有关国家标准，合理地解决产品使用要求与制造工艺之间的矛盾，并能根据不同零件选用适当的计量器具进行测量。

通过本课程的学习，应使学生熟练掌握公差与配合的术语和基本计算方法；知道几何公差代号和表面结构代号标注的含义；掌握常用量具和量仪的结构、工作原理及使用方法。

复习思考题

1. 什么叫互换性？按互换性原则组织生产有哪些优越性？
2. 互换性有哪两种？各应用于什么场合？
3. 互换性是否只适用于大批量生产？
4. 何谓标准化？试述它在现代化生产中的意义。

第一章

极限与配合

国家标准 GB/T 1800.1—2009《产品几何技术规范（GPS） 极限与配合 第 1 部分：公差、偏差和配合的基础》，GB/T 1800.2—2009《产品几何技术规范（GPS） 极限与配合 第 2 部分：标准公差等级和孔、轴极限偏差表》，GB/T 1801—2009《产品几何技术规范（GPS） 极限与配合 公差带和配合的选择》，GB/T 1804—2000《一般公差 未注公差的线性和角度尺寸的公差》，是涉及面广、影响大的重要基础标准。这些标准适用于圆柱表面和由单一尺寸确定的几何形状的内、外表面的尺寸公差，以及由它们组成的配合。

◇◇◇ 第一节 基本术语及定义

为了正确掌握极限与配合标准及其应用，统一设计、工艺、检验等人员对极限与配合标准的理解，必须明确规定极限与配合的术语和定义，即 GB/T 1800.1—2009 中规定的术语及定义。

一、孔和轴

1. 孔

通常指工件的圆柱形内尺寸要素，也包括非圆柱形内尺寸要素（由两平行平面或切面形成的包容面），如图 1-1a 所示。

2. 轴

通常指工件的圆柱形外尺寸要素，也包括非圆柱形外尺寸要素（由两平行平面或切面形成的被包容面），如图 1-1b 所示。

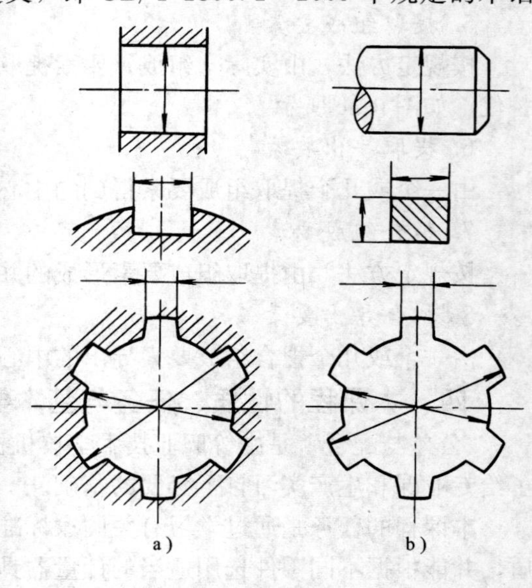

图 1-1 孔和轴

a) 孔 b) 轴

对于形状复杂的孔和轴，可用以下几种方法来进行判断。从加工制造来看，孔的尺寸越加工越大，轴的尺寸越加工越小；从装配关系来看，孔是包容面，轴是被包容面；此外，孔、轴在测量上也有所不同，例如用游标卡尺测孔时用内量爪，测轴时用外量爪。

二、尺寸

尺寸是指以特定单位表示线性尺寸值的数值，它包括直径、半径、宽度、深度、高度及中心距等的尺寸，由数字和特定单位组成。在技术图样和一定范围内，已经注明共同单位时，如在尺寸标准中，以毫米为单位，均可只写数字不写单位。

1. 公称尺寸

是由图样规范确定的理想形状要素的尺寸。公称尺寸可以是一个整数或一个小数，它是设计者通过计算、试验或类比的方法确定的，一般应按标准尺寸系列取值，以减少定值刀具、量具的规格和数量。孔的公称尺寸用大写字母 D 表示，轴的公称尺寸用小写字母 d 表示。

2. 提取组成要素的局部尺寸

一切提取组成要素上对应点之间的距离，即通过测量得到的尺寸。由于存在测量误差，提取组成要素的局部尺寸并非被测尺寸的真值。

此外，由于工件存在着形状误差，所以不同部位的提取组成要素的局部尺寸也不完全相同，如图1-2所示。孔的提取组成要素的局部尺寸用 D_a 表示，轴用 d_a 表示。

3. 极限尺寸

尺寸要素允许的尺寸的两个极端。尺寸要素应位于其中，也可达到极限尺寸。尺寸要素允许的最大尺寸为上极限尺寸，即两个极端中较大的一个；尺寸要素允许的最小尺寸为下极限尺寸，即两个极端中较小的一个。孔的上、下极限尺寸分别用 D_{max}、D_{min} 表示，轴的上、下极限尺寸分别用 d_{max}、d_{min}表示。

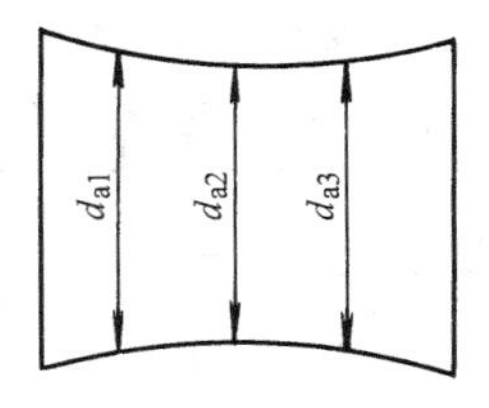

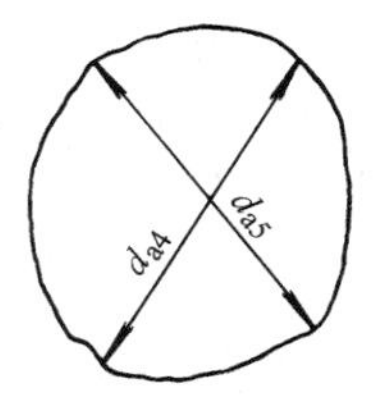

图 1-2　提取组成要素的局部尺寸

上述尺寸中，公称尺寸和极限尺寸是设计者确定的尺寸，而提取组成要素的局部尺寸是加工后对零件进行测量得到的尺寸。为了保证使用要求，零件的提取组成要素的局部尺寸一定要控制在极限尺寸范围内，而公称尺寸却不一定。

三、偏差与公差

1. 偏差

某一尺寸（提取组成要素的局部尺寸、极限尺寸等）减其公称尺寸所得的代数差。根据某一尺寸的不同，偏差可分为极限偏差和实际偏差两种。

（1）极限偏差　极限尺寸减其公称尺寸所得的代数差。由于极限尺寸有上极限尺寸和下极限尺寸两种，因而极限偏差有上极限偏差和下极限偏差之分，如图 1-3 所示。

1）上极限偏差。上极限尺寸减其公称尺寸所得的代数差。孔和轴的上极限偏差分别用符号 ES 和 es 表示，用公式表示为

$$ES = D_{max} - D$$

$$es = d_{max} - d$$

2）下极限偏差。下极限尺寸减其公称尺寸所得的代数差。孔和轴的下极限偏差分别用符号 EI 和 ei 表示，用公式表示为

$$EI = D_{min} - D$$

$$ei = d_{min} - d$$

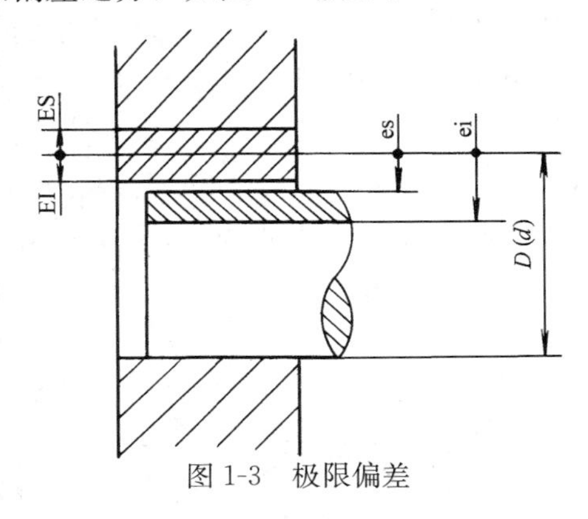

图 1-3　极限偏差

标注极限偏差时，上极限偏差应注在公称尺寸的右上方，下极限偏差注在上极限偏差的正下方，与公称尺寸在同一底线上，且上极限偏差必须大于下极限偏差，偏差数字的字体比尺寸数字的字体小一号，小数点必须对齐，小数点后的位数也必须相同，如 $\phi 20^{+0.098}_{+0.065}$、$\phi 40^{-0.310}_{-0.560}$；若上极限偏差或下极限偏差为零时，也必须标注在相应的位置上，不可省略，并与上极限偏差或下极限偏差的小数点前的个位数对齐，如 $\phi 100^{\ 0}_{-0.087}$、$\phi 50^{+0.025}_{\ 0}$；当上、下极限偏差数值相同符号相反时，需简化标注，偏差数字的字体高度与尺寸数字的字体相同，如 $\phi 80 \pm 0.023$。

由于极限偏差是用代数差来定义的，极限尺寸可能大于、小于、等于公称尺寸，所以极限偏差可以为正、负或零值。使用偏差时，除零外，前面必须标上相应的“+”号或“−”号。

（2）实际偏差　提取组成要素的局部尺寸减其公称尺寸所得的代数差。合格零件的实际偏差应在规定的极限偏差范围内。

2. 尺寸公差

上极限尺寸减下极限尺寸之差，或上极限偏差减下极限偏差之差，简称公差，如图1-4所示。它是允许尺寸的变动量。

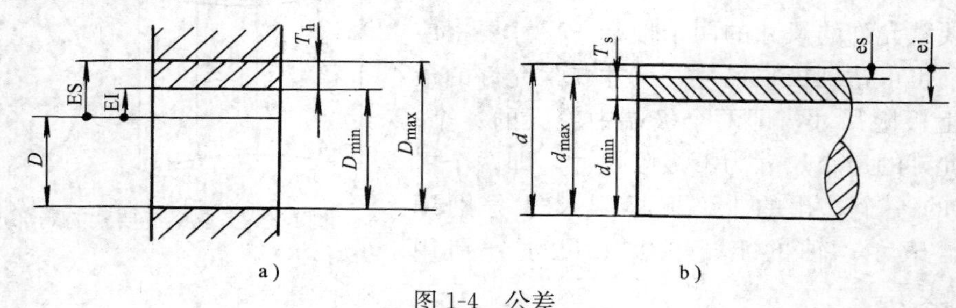

图1-4　公差

a）孔的公差　b）轴的公差

零件的提取组成要素的局部尺寸若想合格，它只有在上极限尺寸与下极限尺寸之间的范围内变动。变动仅涉及大小，因此用绝对值定义，所以公差等于上极限尺寸与下极限尺寸之代数差的绝对值，或等于上极限偏差与下极限偏差之代数差的绝对值。孔和轴的公差分别用 T_h 和 T_s 表示，其计算方式为

$$T_h = |D_{max} - D_{min}| = |ES - EI|$$

$$T_s = |d_{max} - d_{min}| = |es - ei|$$

应当指出，公差与偏差是两个不同的概念，公差是用绝对值来定义的，没有正负之分，所以前面不能标“+”号或“−”号；而且零件在加工时不可避免存在着各种误差，其提取组成要素的局部尺寸的大小总是变动的，所以公差不能为零。

例1-1　求孔 $\phi 30^{+0.075}_{+0.050}$ mm 的公差。

解　$T_h = |D_{max} - D_{min}| = |30.075mm - 30.050mm| = 0.025mm = 25\mu m$

或　$T_h = |ES - EI| = |+0.075mm - (+0.050)mm| = 0.025mm = 25\mu m$

图1-5是极限与配合的一个示意图，它表明了两个相互结合的孔、轴的公称尺寸、极限

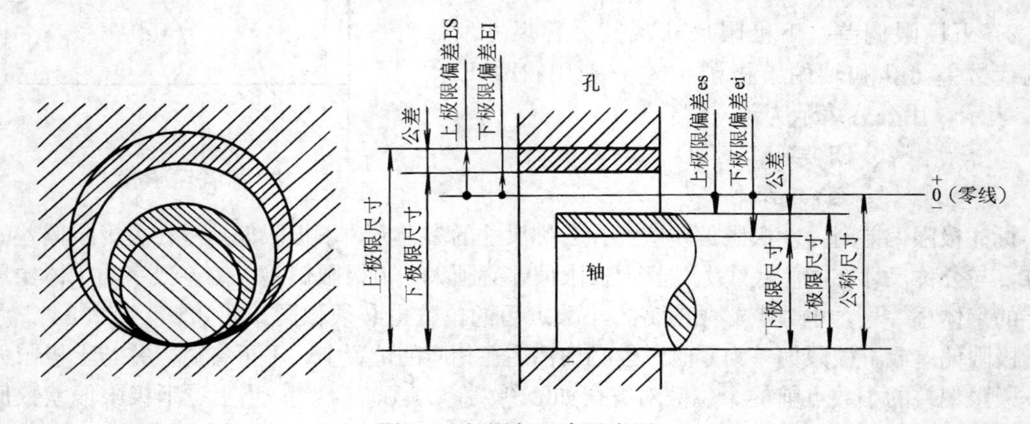

图1-5　极限与配合示意图

尺寸、极限偏差与公差的相互关系。

3. 极限与配合图解

由于公差和偏差的数值比公称尺寸数值小得太多，不便于用同一比例表示，为此可只将公差值按规定放大画出，这种图称为极限与配合图解，简称公差带图，如图 1-6 所示。在公差带图中，公称尺寸通常用毫米（mm）表示，偏差和公差用微米（μm）表示，均可省略不写单位。公差带图由零线和公差带组成。

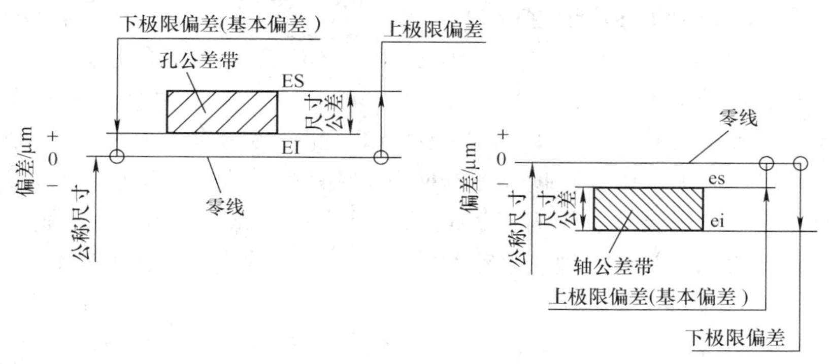

图 1-6　公差带图

(1) 零线　在极限与配合图解中，表示公称尺寸的一条直线，以其为基准确定偏差和公差。通常，公差带图的零线水平放置，正偏差位于零线的上方，负偏差位于零线的下方，零偏差与零线重合。

(2) 公差带　在公差带图中，由代表上极限偏差和下极限偏差或上极限尺寸和下极限尺寸的两条直线所限定的一个区域。公差带由公差带大小和公差带位置两个要素组成，前者指公差带在零线垂直方向上的宽度，由标准公差确定；后者指公差带相对于零线的位置，由基本偏差确定。画公差带图时，注意孔、轴公差带剖面线方向及疏密程度。

例 1-2　画出孔 $\phi50^{+0.025}_{0}$mm、轴 $\phi50^{-0.025}_{-0.041}$mm 的公差带图。

解　1）画零线，标注出“0”、“＋”、“－”，用箭头指在零线的左侧，注出公称尺寸 ϕ50mm。

2）选适当比例，画出孔、轴公差带，并将极限偏差数值标注出来，如图 1-7 所示。

4. 极限制

经标准化的公差与偏差制度。为了使公差带标准化，GB/T 1800.2—2009 相应提出了标准公差和基本偏差两个术语，后面将详细介绍。

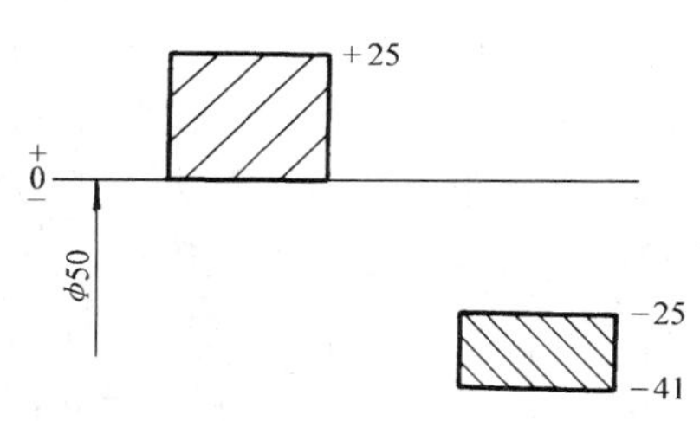

图 1-7　例 1-2 公差带图

四、配合

1. 配合的基本概念

(1) 配合　公称尺寸相同的，相互结合的孔与轴公差带之间的关系。由于配合为一批孔、轴的装配关系，而不是指单个孔和单个轴的相配关系，所以用公差带关系来反映配合就比较确切。

(2) 间隙或过盈　孔的尺寸减去相配合的轴的尺寸之差。此差值为正时是间隙，用 X 表示；为负时是过盈，用 Y 表示。过盈就是负的间隙，间隙就是负的过盈。间隙的大小决定两相配件的相对运动的活动程度，过盈大小则决定两相配件连接的牢固程度。

2. 配合的类别

根据孔、轴公差带相对位置关系不同，可把配合分成三类：

（1）间隙配合　具有间隙（包括最小间隙等于零）的配合。间隙配合必须保证同一规格的一批孔的直径大于或等于相互配合的一批轴的直径。其配合特点是：孔的公差带在轴的公差带之上，如图 1-8 所示。

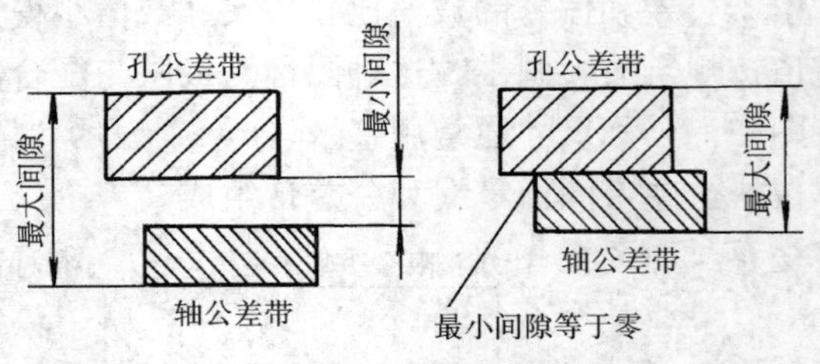

图 1-8　间隙配合

由于孔、轴的提取组成要素的局部尺寸允许在上极限尺寸和下极限尺寸之间变动，因此配合后形成的实际间隙也是变动的。当孔为上极限尺寸、轴为下极限尺寸时，配合处于最松状态，此时的间隙称为最大间隙，用 X_{max} 表示。当孔为下极限尺寸、轴为上极限尺寸时，配合处于最紧状态，此时的间隙称为最小间隙，用 X_{min} 表示。最大间隙和最小间隙用下列公式确定

$$X_{max} = D_{max} - d_{min} = (D + \mathrm{ES}) - (d + \mathrm{ei}) = \mathrm{ES} - \mathrm{ei}$$

$$X_{min} = D_{min} - d_{max} = (D + \mathrm{EI}) - (d + \mathrm{es}) = \mathrm{EI} - \mathrm{es}$$

最大间隙和最小间隙统称为极限间隙。

任何间隙配合，若孔、轴加工合格，其实际间隙 X 应该满足关系式 $X_{min} \leqslant X \leqslant X_{max}$ 。

例 1-3　试确定孔 $\phi30^{+0.021}_{0}$ mm 与轴 $\phi30^{-0.020}_{-0.033}$ mm 配合的极限间隙。

解　$X_{max} = \mathrm{ES} - \mathrm{ei} = +0.021\mathrm{mm} - (-0.033)\mathrm{mm} = +0.054\mathrm{mm} = +54\mu\mathrm{m}$

$X_{min} = \mathrm{EI} - \mathrm{es} = 0\mathrm{mm} - (-0.020)\mathrm{mm} = +0.020\mathrm{mm} = +20\mu\mathrm{m}$

（2）过盈配合　具有过盈（包括最小过盈等于零）的配合。过盈配合必须保证同一规格的一批孔的直径小于或等于相互配合的一批轴的直径。其配合特点是：孔的公差带在轴的公差带之下，如图 1-9 所示。

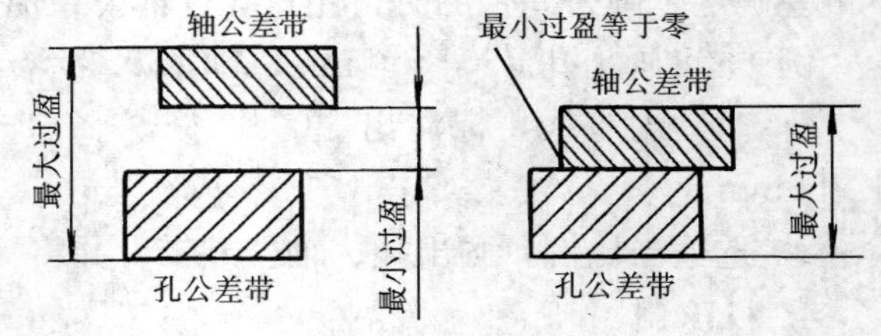

图 1-9　过盈配合

由于孔、轴的提取组成要素的局部尺寸允许在上极限尺寸和下极限尺寸之间变动，因此配合后形成的实际过盈也是变动的。当孔为下极限尺寸、轴为上极限尺寸时，配合处于最紧状态，此时的过盈为最大过盈，用 Y_{max} 表示。当孔为上极限尺寸、轴为下极限尺寸时，配合处于最松状态，此时的过盈称为最小过盈，用 Y_{min} 表示。最大过盈和最小过盈用下列公式确定

$$Y_{max} = D_{min} - d_{max} = (D + \mathrm{EI}) - (d + \mathrm{es}) = \mathrm{EI} - \mathrm{es}$$

$$Y_{min} = D_{max} - d_{min} = (D + \mathrm{ES}) - (d + \mathrm{ei}) = \mathrm{ES} - \mathrm{ei}$$

最大过盈和最小过盈统称为极限过盈。任何过盈配合，若孔、轴加工合格，其实际过盈 Y 应该满足关系式 $Y_{max} \leqslant Y \leqslant Y_{min}$ 。

间隙配合中的零间隙和过盈配合中的零过盈，都是孔的尺寸减轴的尺寸所得的代数差等于零，那么实际工作中如何判断它们到底是零间隙还是零过盈呢？若 EI＝es，且 ES＞ei，则是间隙配合的零间隙；若 ES＝ei，且 EI＜es，则是过盈配合的零过盈。零间隙是间隙配合中最小间隙等于零，孔、轴处于最紧的配合状态；零过盈是过盈配合中最小过盈等于零，

孔、轴处于最松的配合状态。

例 1-4　试确定孔 $\phi25^{+0.033}_{0}$mm 与轴 $\phi25^{+0.069}_{+0.048}$mm 配合的极限过盈。

解　$Y_{max} = EI - es = 0mm - (+0.069)mm = -0.069mm = -69\mu m$

$Y_{min} = ES - ei = +0.033mm - (+0.048)mm = -0.015mm = -15\mu m$

（3）过渡配合　可能具有间隙或过盈的配合。对于过渡配合，同一规格的一批孔的直径可能大于、小于或等于相互配合的一批轴的直径。其配合特点是：孔的公差带与轴的公差带相互交叠，如图 1-10 所示。

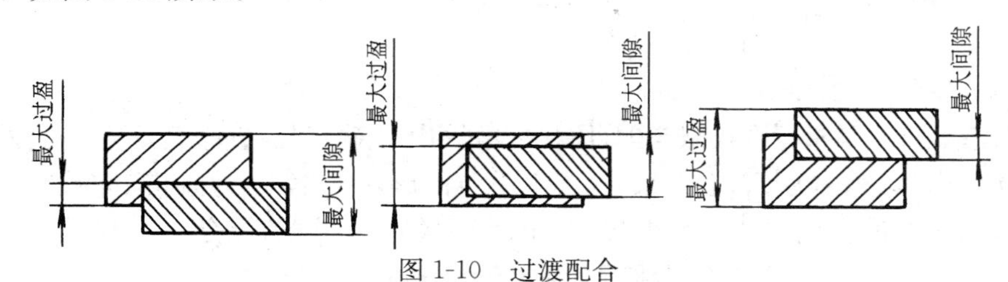

图 1-10　过渡配合

在过渡配合中，若孔的尺寸大于轴的尺寸时形成间隙，反之形成过盈，若孔的尺寸和轴的尺寸相等时形成零间隙或零过盈，但它不能代表过渡配合的性质特征。过渡配合松紧程度的特征值是最大间隙和最大过盈。最大间隙表示过渡配合中最松的状态；最大过盈表示过渡配合中最紧的状态。

任何过渡配合，若孔、轴加工合格，实际间隙或实际过盈均应满足关系式 $Y_{max} \leqslant X$ 或 $(Y) \leqslant X_{max}$ 。

3. 配合公差

组成配合的孔、轴公差之和，它是允许间隙或过盈的变动量，用 T_f 表示。

对于间隙配合，配合公差等于最大间隙与最小间隙代数差的绝对值；对于过盈配合，配合公差等于最小过盈与最大过盈代数差的绝对值；对于过渡配合，配合公差等于最大间隙与最大过盈代数差的绝对值。计算公式如下

$$间隙配合\quad T_f = |X_{max} - X_{min}|$$
$$过盈配合\quad T_f = |Y_{min} - Y_{max}|$$
$$过渡配合\quad T_f = |X_{max} - Y_{max}|$$

若将以上三式中的极限间隙或极限过盈分别用孔和轴的极限尺寸代入，则可得出

$$T_f = T_h + T_s$$

当公称尺寸一定时，配合公差 T_f 表示配合松紧的变化范围，即配合的精确程度，是功能要求（即设计要求）；而孔公差 T_h 和轴公差 T_s 分别表示孔和轴加工的精确程度，是制造要求（即工艺要求）。通过关系式 $T_f = T_h + T_s$ ，将这两方面的要求联系在一起。若功能要求或设计要求提高，即 T_f 减小，则（ $T_h + T_s$ ）也要减小，加工更困难，成本也将提高。因此，这个关系式正好说明“公差”的实质，反映出零件的功能要求与制造要求的矛盾或设计与工艺的矛盾。

例 1-5　计算孔 $\phi50^{+0.025}_{0}$ mm 与轴 $\phi50^{+0.018}_{+0.002}$ mm 配合的最大间隙、最大过盈及配合公差。

解　$X_{max} = ES - ei = +0.025mm - (+0.002)mm = +0.023mm = +23\mu m$

$Y_{max} = EI - es = 0mm - (+0.018)mm = -0.018mm = -18\mu m$

$$T_f = |X_{max} - Y_{max}| = |(+0.023)\text{mm} - (-0.018)\text{mm}| = 0.041\text{mm} = 41\mu\text{m}$$

4. 配合制

同一极限制的孔和轴组成的一种配合制度。极限制和配合制，统称为“极限与配合制”。

◇◇◇ 第二节　公差带的标准化

公差带的标准化是指公差带大小和公差带位置的标准化，这是极限与配合标准的核心内容。

一、标准公差系列

标准公差（IT）是指标准极限与配合制中表列的用以确定公差带大小的任一公差。由若干标准公差所组成的系列称为标准公差系列，它以表格的形式列出，称为标准公差数值表（表1-1）。由此表可以看出标准公差的数值大小与两个因素有关：标准公差等级和公称尺寸分段。

表 1-1　公称尺寸至 3150mm 的标准公差数值

公称尺寸/mm		标准公差等级																	
		IT1	IT2	IT3	IT4	IT5	IT6	IT7	IT8	IT9	IT10	IT11	IT12	IT13	IT14	IT15	IT16	IT17	IT18
大于	至	μm											mm						
—	3	0.8	1.2	2	3	4	6	10	14	25	40	60	0.1	0.14	0.25	0.4	0.6	1	1.4
3	6	1	1.5	2.5	4	5	8	12	18	30	48	75	0.12	0.18	0.3	0.48	0.75	1.2	1.8
6	10	1	1.5	2.5	4	6	9	15	22	36	58	90	0.15	0.22	0.36	0.58	0.9	1.5	2.2
10	18	1.2	2	3	5	8	11	18	27	43	70	110	0.18	0.27	0.43	0.7	1.1	1.8	2.7
18	30	1.5	2.5	4	6	9	13	21	33	52	84	130	0.21	0.33	0.52	0.84	1.3	2.1	3.3
30	50	1.5	2.5	4	7	11	16	25	39	62	100	160	0.25	0.39	0.62	1	1.6	2.5	3.9
50	80	2	3	5	8	13	19	30	46	74	120	190	0.3	0.46	0.74	1.2	1.9	3	4.6
80	120	2.5	4	6	10	15	22	35	54	87	140	220	0.35	0.54	0.87	1.4	2.2	3.5	5.4
120	180	3.5	5	8	12	18	25	40	63	100	160	250	0.4	0.63	1	1.6	2.5	4	6.3
180	250	4.5	7	10	14	20	29	46	72	115	185	290	0.46	0.72	1.15	1.85	2.9	4.6	7.2
250	315	6	8	12	16	23	32	52	81	130	210	320	0.52	0.81	1.3	2.1	3.2	5.2	8.1
315	400	7	9	13	18	25	36	57	89	140	230	360	0.57	0.89	1.4	2.3	3.6	5.7	8.9
400	500	8	10	15	20	27	40	63	97	155	250	400	0.63	0.97	1.55	2.5	4	6.3	9.7
500	630	9	11	16	22	32	44	70	110	175	280	440	0.7	1.1	1.75	2.8	4.4	7	11
630	800	10	13	18	25	36	50	80	125	200	320	500	0.8	1.25	2	3.2	5	8	12.5
800	1000	11	15	21	28	40	56	90	140	230	360	560	0.9	1.4	2.3	3.6	5.6	9	14
1000	1250	13	18	24	33	47	66	105	165	260	420	660	1.05	1.65	2.6	4.2	6.6	10.5	16.5
1250	1600	15	21	29	39	55	78	125	195	310	500	780	1.25	1.95	3.1	5	7.8	12.5	19.5
1600	2000	18	25	35	46	65	92	150	230	370	600	920	1.5	2.3	3.7	6	9.2	15	23
2000	2500	22	30	41	55	78	110	175	280	440	700	1100	1.75	2.8	4.4	7	11	17.5	28
2500	3150	26	36	50	68	96	135	210	330	540	860	1350	2.1	3.3	5.4	8.6	13.5	21	33

注：1. 公称尺寸大于 500mm 的 IT1～IT5 的标准公差数值为试行。

2. 公称尺寸小于或等于 1mm 时，无 IT14～IT18。

1. 标准公差等级

确定尺寸精确程度的等级。同一公差等级对所有公称尺寸的一组公差被认为具有同等精确程度。其划分通常以加工方法在一般条件下所能达到的经济精度为依据，并满足广泛且不同的使用要求。

标准公差等级代号用字母 IT 加阿拉伯数字表示。IT 表示标准公差，阿拉伯数字表示标准公差等级数，例如：IT7。当其与代表基本偏差的字母一起组成公差带时，省略 IT 字母，如 h7。GB/T 1800.2—2009 在公称尺寸至 500mm 内，规定了 IT01、IT0、IT1、…、IT18 共 20 个标准公差等级，但 IT01 和 IT0 在工业上很少用到，因而将其数值列于表 1-2 中。从 IT01 至 IT18，公差等级依次降低，而相应的标准公差值依次增大。IT01 精度最高，IT18 精度最低。

表 1-2　IT01 和 IT0 的标准公差数值

公称尺寸/mm		标准公差等级		公称尺寸/mm		标准公差等级	
		IT01	IT0			IT01	IT0
大于	至	公差/μm		大于	至	公差/μm	
—	3	0.3	0.5	80	120	1	1.5
3	6	0.4	0.6	120	180	1.2	2
6	10	0.4	0.6	180	250	2	3
10	18	0.5	0.8	250	315	2.5	4
18	30	0.6	1	315	400	3	5
30	50	0.6	1	400	500	4	6
50	80	0.8	1.2				

2. 公称尺寸分段

在确定标准公差数值时，每一个公称尺寸都可计算出一个相应的公差值。但在生产实践中，公称尺寸很多，这样会形成极为庞大的公差数值表，它既不实用，也没必要，反而给生产带来困难。为了减少公差数目，简化表格，便于实现标准化，必须对公称尺寸进行分段，即在同一标准公差等级下，同一尺寸段的所有公称尺寸，规定相同的标准公差值。为此，国家标准对公称尺寸至 3150mm 的进行分段规定，见表1-3。

表 1-3　公称尺寸分段　　（单位：mm）

主段落		中间段落		主段落		中间段落	
大于	至	大于	至	大于	至	大于	至
—	3	无细分段		50	80	50	65
3	6					65	80
6	10						
10	18	10	14	80	120	80	100
		14	18			100	120
18	30	18	24	120	180	120	140
		24	30			140	160
						160	180

（续）

主段落		中间段落		主段落		中间段落	
大于	至	大于	至	大于	至	大于	至
30	50	30 40	40 50	180	250	180 200 225	200 225 250
250	315	250 280	280 315	800	1000	800 900	900 1000
315	400	315 355	355 400	1000	1250	1000 1120	1120 1250
400	500	400 450	450 500	1250	1600	1250 1400	1400 1600
500	630	500 560	560 630	1600	2000	1600 1800	1800 2000
				2000	2500	2000 2240	2240 2500
630	800	630 710	710 800	2500	3150	2500 2800	2800 3150

该表将公称尺寸分段分为主段落和中间段落，主段落用于标准公差中的公称尺寸分段（表1-1和表1-2），中间段落用于基本偏差中的公称尺寸分段（表1-5和表1-6）。

从标准公差数值表不难看出：标准公差等级相同时，随着公称尺寸的增大，标准公差数值也随之增大。为什么呢？因为在相同的加工精度条件下，加工误差是随着公称尺寸的增大而增大的。因此，尽管不同的公称尺寸所对应的标准公差值不同，但它们却具有相同的精度，即相同的加工难易程度。

二、基本偏差系列

基本偏差是指极限与配合制中，确定公差带相对零线位置的那个极限偏差。它可以是上极限偏差或下极限偏差，一般指靠近零线的那个偏差。当公差带在零线以上时，基本偏差为下极限偏差；当公差带在零线以下时，基本偏差为上极限偏差，如图1-11所示。基本偏差是决定公差带位置的参数。为了公差带位置的标准化，满足孔和轴配合松紧程度的不同要求，国家标准规定了孔和轴各有28个基本偏差代号，如图1-12所示。这些不同的标准化了的基本偏差代号便构成了基本偏差系列。

1. 基本偏差代号及特点

基本偏差代号用拉丁字母表示。大写字母表示孔，小写字母表示轴，如图1-12所示。在26个字母中，除去容易与其他含义混淆的I，L，O，Q，W（i，l，o，q，w）5个字母外，再加上用两个字母CD，EF，FG，JS，ZA，ZB，ZC，（cd，ef，fg，js，za，zb，zc）表示的7个，共有28个代号（表1-4），构成孔和轴的基本偏差系列，反映了28种公差带的位置。

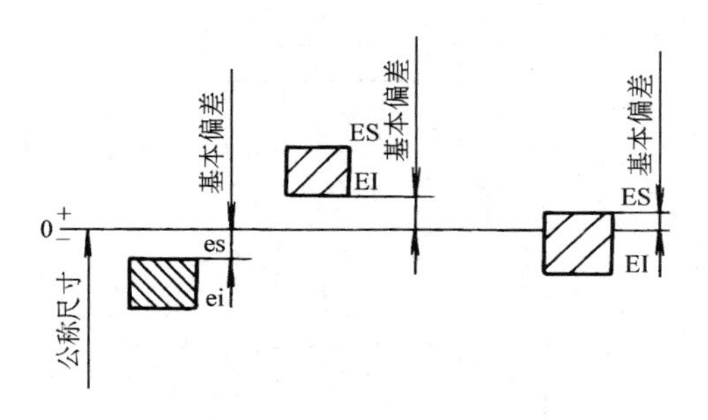

图 1-11　基本偏差

由图 1-12 可以看出，基本偏差有如下特点：

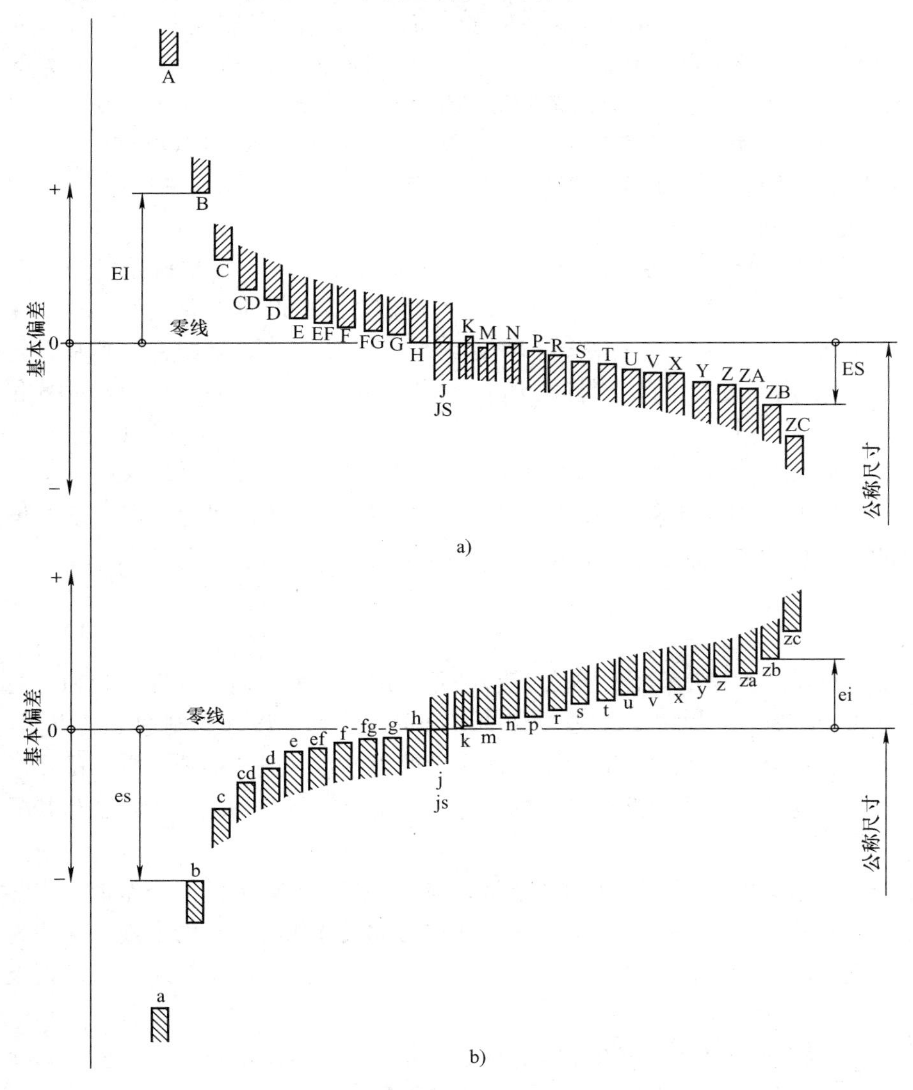

图 1-12　孔和轴的基本偏差系列

a）孔　b）轴

表 1-4　孔和轴的基本偏差代号

孔	A	B	C	D	E	F	G	H	J	K	M	N	P	R	S	T	U	V	X	Y	Z			
			CD		EF	FG		JS														ZA	ZB	ZC
轴	a	b	c	d	e	f	g	h	j	k	m	n	p	r	s	t	u	v	x	y	z			
			cd		ef	fg		js														za	zb	zc

1）孔和轴同字母的基本偏差相对零线基本呈对称分布。对于轴的基本偏差，从 a～h 为上极限偏差 es，h 的上极限偏差为零，其余均为负值，其绝对值依次逐渐减小；j～zc 为下极限偏差 ei（除 j 和 k 外）为正值，其绝对值依次逐渐增大。对于孔的基本偏差，从 A～H 为下极限偏差 EI，J～ZC 为上极限偏差 ES，其正负号情况与轴的基本偏差正好相反。

2）H 和 h 的基本偏差均为零，即 H 的下极限偏差 EI＝0，h 的上极限偏差 es＝0，H 和 h 分别表示基准孔和基准轴。

3）由 JS 和 js 组成的公差带，在各标准公差等级中都对称于零线，基本偏差可为上极限偏差(＋IT/2)，也可为下极限偏差（－IT/2)。J 和 j 是近似对称的基本偏差代号，孔仅保留了 J6，J7，J8 三种，基本偏差为上极限偏差；轴仅保留了 j5，j6，j7，j8 四种，其基本偏差为下极限偏差。J 和 j 已逐渐被 JS 和 js 代替，因此，在基本偏差系列中将 J 和 j 放在 JS 和 js 的位置上。

4）基本偏差的大小原则上与标准公差等级无关，仅有 JS（js)，J（j)，K（k)，M，N 的基本偏差随公差等级变化。在基本偏差系列图中，公差带的一端是封闭的，表示基本偏差，另一端是开放的，其位置取决于公差等级，这正体现了公差带包含标准公差和基本偏差这两个要素。

2. 配合制

在生产中，需要各种不同性质的配合，即使配合公差一定，也可以通过改变孔和轴公差带的位置，使配合获得很多种不同的孔、轴公差带的组合形式。为了设计和制造上的方便，把其中孔的公差带（或轴的公差带）位置固定，用改变轴的公差带（或孔的公差带）位置来形成所需要的各种配合，这种制度称为配合制。国家标准规定有以下两种配合制：基孔制配合和基轴制配合。

（1）基孔制配合　基本偏差为一定的孔的公差带，与不同基本偏差的轴的公差带形成各种配合的一种制度。对基孔制配合，是孔的下极限尺寸与公称尺寸相等，孔的下极限偏差为零的一种配合制。基孔制配合的孔称为基准孔，用“H”表示，孔公差带在零线之上，下极限偏差 EI＝0，如图 1-13 所示。

显然，基准孔 H 与基本偏差为 a～h 的轴形成间隙配合；与基本偏差为 j、js、k、m、n 的轴一般形成过渡配合；与基本偏差为 p～zc 的轴形成过盈配合。

（2）基轴制配合　基本偏差为一定的轴的公差带，与不同基本偏差的孔的公差带形成各种配合的一种制度。对基轴制配合，是轴的上极限尺寸与公称尺寸相等，轴的上极限偏差为

零的一种配合制。基轴制配合的轴称为基准轴，用“h”表示，轴公差带在零线之下，上极限偏差 es=0，如图 1-14 所示。

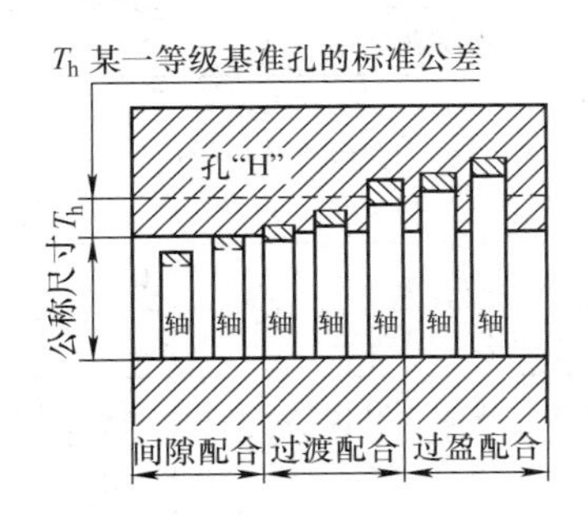

图 1-13　基孔制配合

注：水平实线代表孔或轴的基本偏差，虚线代表另一极限

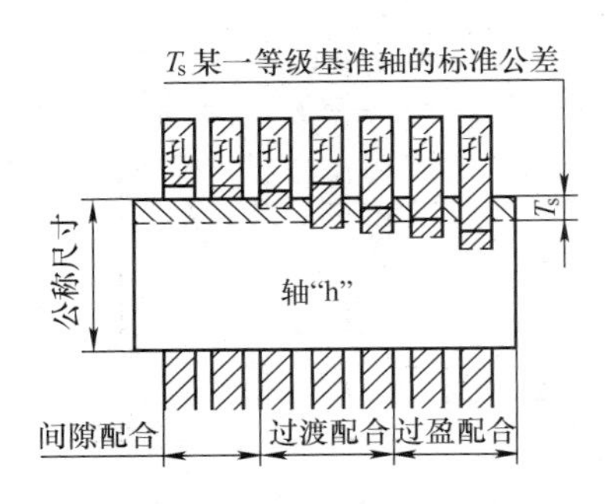

图 1-14　基准制配合

注：水平实线代表孔或轴的基本偏差，虚线代表另一极限

同理，基准轴 h 与基本偏差为 A～H 的孔形成间隙配合；与基本偏差为 J、JS、K、M、N 的孔一般形成过渡配合；与基本偏差为 P～ZC 的孔形成过盈配合。

3. 基本偏差的确定

轴的基本偏差是在基孔制配合的基础上制定的。它是根据设计要求、生产经验、科学实验，并经数理统计分析，整理出一系列经验公式计算得到的。

孔的基本偏差是在基轴制配合的基础上确定的。由于基孔制与基轴制是两种平行等效的配合制度（即配合性质完全相同），所以孔的基本偏差可以直接由轴的基本偏差换算得到。当公称尺寸不大于 500mm 时，孔的基本偏差按以下两种规则换算：

（1）通用规则　用同一字母表示的孔、轴的基本偏差的绝对值相等，而符号相反，即对于基本偏差为 A～H 的孔，EI=－es，对于基本偏差为 J～ZC 的孔，ES=－ei。

（2）特殊规则　对于公称尺寸为 3～500mm，且标准公差等级高于或等于 8 级（≤IT8）的 K、M、N 及标准公差等级高于或等于 7 级（≤IT7）的 P～ZC，孔的基本偏差 ES 和轴的基本偏差 ei 符号相反，而绝对值相差一个 Δ 值（补偿值），即 $ES=-ei+(IT_n-IT_{n-1})=-ei+\Delta$。式中，$IT_n$ 表示孔所在等级的标准公差值，IT_{n-1} 表示比 IT_n 高一级的标准公差值。

在标准中，将用计算的方法得到的数值列为轴的基本偏差数值表和孔的基本偏差数值表，见表 1-5 和表 1-6。

表1-5　轴的基本偏差数值　　（单位：μm）

公称尺寸/mm		基本偏差数值																
		上极限偏差es												下极限偏差ei				
大于	至	所有标准公差等级												IT5和IT6	IT7	IT8	IT4～IT7	≤IT3 >IT7
		a	b	c	cd	d	e	ef	f	fg	g	h	js	j			k	
—	3	−270	−140	−60	−34	−20	−14	−10	−6	−4	−2	0	偏差=±$\frac{IT_n}{2}$，式中IT_n是IT数值	−2	−4	−6	0	0
3	6	−270	−140	−70	−46	−30	−20	−14	−10	−6	−4	0		−2	−4		+1	0
6	10	−280	−150	−80	−56	−40	−25	−18	−13	−8	−5	0		−2	−5		+1	0
10	14	−290	−150	−95		−50	−32		−16		−6	0		−3	−6		+1	0
14	18																	
18	24	−300	−160	−110		−65	−40		−20		−7	0		−4	−8		+2	0
24	30																	
30	40	−310	−170	−120		−80	−50		−25		−9	0		−5	−10		+2	0
40	50	−320	−180	−130														
50	65	−340	−190	−140		−100	−60		−30		−10	0		−7	−12		+2	0
65	80	−360	−200	−150														
80	100	−380	−220	−170		−120	−72		−36		−12	0		−9	−15		+3	0
100	120	−410	−240	−180														
120	140	−460	−260	−200		−145	−85		−43		−14	0		−11	−18		+3	0
140	160	−520	−280	−210														
160	180	−580	−310	−230														
180	200	−660	−340	−240		−170	−100		−50		−15	0		−13	−21		+4	0
200	225	−740	−380	−260														
225	250	−820	−420	−280														
250	280	−920	−480	−300		−190	−110		−56		−17	0		−16	−26		+4	0
280	315	−1050	−540	−330														
315	355	−1200	−600	−360		−210	−125		−62		−18	0		−18	−28		+4	0
355	400	−1350	−680	−400														
400	450	−1500	−760	−440		−230	−135		−68		−20	0		−20	−32		+5	0
450	500	−1650	−840	−480														
500	560					−260	−145		−76		−22	0					0	0
560	630																	
630	710					−290	−160		−80		−24	0					0	0
710	800																	
800	900					−320	−170		−86		−26	0					0	0
900	1000																	
1000	1120					−350	−195		−98		−28	0					0	0
1120	1250																	
1250	1400					−390	−220		−110		−30	0					0	0
1400	1600																	
1600	1800					−430	−240		−120		−32	0					0	0
1800	2000																	
2000	2240					−480	−260		−130		−34	0					0	0
2240	2500																	
2500	2800					−520	−290		−145		−38	0					0	0
2800	3150																	

（续）

公称尺寸/mm		基本偏差数值													
		下极限偏差 ei													
大于	至	所有标准公差等级													
		m	n	p	r	s	t	u	v	x	y	z	za	zb	zc
—	3	+2	+4	+6	+10	+14		+18		+20		+26	+32	+40	+60
3	6	+4	+8	+12	+15	+19		+23		+28		+35	+42	+50	+80
6	10	+6	+10	+15	+19	+23		+28		+34		+42	+52	+67	+97
10	14	+7	+12	+18	+23	+28		+33		+40		+50	+64	+90	+130
14	18								+39	+45		+60	+77	+108	+150
18	24	+8	+15	+22	+28	+35		+41	+47	+54	+63	+73	+98	+136	+188
24	30						+41	+48	+55	+64	+75	+88	+118	+160	+218
30	40	+9	+17	+26	+34	+43	+48	+60	+68	+80	+94	+112	+148	+200	+274
40	50						+54	+70	+81	+97	+114	+136	+180	+242	+325
50	65	+11	+20	+32	+41	+53	+66	+87	+102	+122	+144	+172	+226	+300	+405
65	80				+43	+59	+75	+102	+120	+146	+174	+210	+274	+360	+480
80	100	+13	+23	+37	+51	+71	+91	+124	+146	+178	+214	+258	+335	+445	+585
100	120				+54	+79	+104	+144	+172	+210	+254	+310	+400	+525	+690
120	140	+15	+27	+43	+63	+92	+122	+170	+202	+248	+300	+365	+470	+620	+800
140	160				+65	+100	+134	+190	+228	+280	+340	+415	+535	+700	+900
160	180				+68	+108	+146	+210	+252	+310	+380	+465	+600	+780	+1000
180	200	+17	+31	+50	+77	+122	+166	+236	+284	+350	+425	+520	+670	+880	+1150
200	225				+80	+130	+180	+258	+310	+385	+470	+575	+740	+960	+1250
225	250				+84	+140	+196	+284	+340	+425	+520	+640	+820	+1050	+1350
250	280	+20	+34	+56	+94	+158	+218	+315	+385	+475	+580	+710	+920	+1200	+1550
280	315				+98	+170	+240	+350	+425	+525	+650	+790	+1000	+1300	+1700
315	355	+21	+37	+62	+108	+190	+268	+390	+475	+590	+730	+900	+1150	+1500	+1900
355	400				+114	+208	+294	+435	+530	+660	+820	+1000	+1300	+1650	+2100
400	450	+23	+40	+68	+126	+232	+330	+490	+595	+740	+920	+1100	+1450	+1850	+2400
450	500				+132	+252	+360	+540	+660	+820	+1000	+1250	+1600	+2100	+2600
500	560	+26	+44	+78	+150	+280	+400	+600							
560	630				+155	+310	+450	+660							
630	710	+30	+50	+88	+175	+340	+500	+740							
710	800				+185	+380	+560	+840							
800	900	+34	+56	+100	+210	+430	+620	+940							
900	1000				+220	+470	+680	+1050							
1000	1120	+40	+66	+120	+250	+520	+780	+1150							
1120	1250				+260	+580	+840	+1300							
1250	1400	+48	+78	+140	+300	+640	+960	+1450							
1400	1600				+330	+720	+1050	+1600							
1600	1800	+58	+92	+170	+370	+820	+1200	+1850							
1800	2000				+400	+920	+1350	+2000							
2000	2240	+68	+110	+195	+440	+1000	+1500	+2300							
2240	2500				+460	+1100	+1650	+2500							
2500	2800	+76	+135	+240	+550	+1250	+1900	+2900							
2800	3150				+580	+1400	+2100	+3200							

注：1. 公称尺寸小于或等于1mm时，基本偏差a和b均不采用。

2. 公差带js7至js11，若IT_n值数是奇数，则取偏差$=\pm\frac{IT_n-1}{2}$。

表1-6　孔的基本偏差数值　（单位：μm）

公称尺寸/mm		基本偏差数值																					
		下极限偏差 EI												上极限偏差 ES									
大于	至	所有标准公差等级												IT6	IT7	IT8	≤IT8	>IT8	≤IT8	>IT8	≤IT8	>IT8
		A	B	C	CD	D	E	EF	F	FG	G	H	JS	J			K		M		N	
—	3	+270	+140	+60	+34	+20	+14	+10	+6	+4	+2	0	偏差=±$\frac{IT_n}{2}$，式中IT_n是IT数值	+2	+4	+6	0	0	−2	−2	−4	−4
3	6	+270	+140	+70	+46	+30	+20	+14	+10	+6	+4	0		+5	+6	+10	−1+Δ		−4+Δ	−4	−8+Δ	0
6	10	+280	+150	+80	+56	+40	+25	+18	+13	+8	+5	0		+5	+8	+12	−1+Δ		−6+Δ	−6	−10+Δ	0
10	14	+290	+150	+95		+50	+32		+16		+6	0		+6	+10	+15	−1+Δ		−7+Δ	−7	−12+Δ	0
14	18																					
18	24	+300	+160	+110		+65	+40		+20		+7	0		+8	+12	+20	−2+Δ		−8+Δ	−8	−15+Δ	0
24	30																					
30	40	+310	+170	+120		+80	+50		+25		+9	0		+10	+14	+24	−2+Δ		−9+Δ	−9	−17+Δ	0
40	50	+320	+180	+130																		
50	65	+340	+190	+140		+100	+60		+30		+10	0		+13	+18	+28	−2+Δ		−11+Δ	−11	−20+Δ	0
65	80	+360	+200	+150																		
80	100	+380	+220	+170		+120	+72		+36		+12	0		+16	+22	+34	−3+Δ		−13+Δ	−13	−23+Δ	0
100	120	+410	+240	+180																		
120	140	+460	+260	+200																		
140	160	+520	+280	+210		+145	+85		+43		+14	0		+18	+26	+41	−3+Δ		−15+Δ	−15	−27+Δ	0
160	180	+580	+310	+230																		
180	200	+660	+340	+240																		
200	225	+740	+380	+260		+170	+100		+50		+15	0		+22	+30	+47	−4+Δ		−17+Δ	−17	−31+Δ	0
225	250	+820	+420	+280																		
250	280	+920	+480	+300		+190	+110		+56		+17	0		+25	+36	+55	−4+Δ		−20+Δ	−20	−34+Δ	0
280	315	+1050	+540	+330																		
315	355	+1200	+600	+360		+210	+125		+62		+18	0		+29	+39	+60	−4+Δ		−21+Δ	−21	−37+Δ	0
355	400	+1350	+680	+400																		
400	450	+1500	+760	+440		+230	+135		+68		+20	0		+33	+43	+66	−5+Δ		−23+Δ	−23	−40+Δ	0
450	500	+1650	+840	+480																		
500	560					+260	+145		+76		+22	0					0		−26		−44	
560	630																					
630	710					+290	+160		+80		+24	0					0		−30		−50	
710	800																					
800	900					+320	+170		+86		+26	0					0		−34		−56	
900	1000																					
1000	1120					+350	+195		+98		+28	0					0		−40		−66	
1120	1250																					
1250	1400					+390	+220		+110		+30	0					0		−48		−78	
1400	1600																					
1600	1800					+430	+240		+120		+32	0					0		−58		−92	
1800	2000																					
2000	2240					+480	+260		+130		+34	0					0		−68		−110	
2240	2500																					
2500	2800					+520	+290		+145		+38	0					0		−76		−135	
2800	3150																					

（续）

公称尺寸/mm		基本偏差数值 上极限偏差 ES													Δ值					
		≤IT7	标准公差等级大于 IT7												标准公差等级					
大于	至	P～ZC	P	R	S	T	U	V	X	Y	Z	ZA	ZB	ZC	IT3	IT4	IT5	IT6	IT7	IT8
—	3	在大于IT7的相应数值上增加一个Δ值	−6	−10	−14		−18		−20		−26	−32	−40	−60	0	0	0	0	0	0
3	6		−12	−15	−19		−23		−28		−35	−42	−50	−80	1	1.5	1	3	4	6
6	10		−15	−19	−23		−28		−34		−42	−52	−67	−97	1	1.5	2	3	6	7
10	14		−18	−23	−28		−33		−40		−50	−64	−90	−130	1	2	3	3	7	9
14	18							−39	−45		−60	−77	−108	−150						
18	24		−22	−28	−35		−41	−47	−54	−63	−73	−98	−136	−188	1.5	2	3	4	8	12
24	30					−41	−48	−55	−64	−75	−88	−118	−160	−218						
30	40		−26	−34	−43	−48	−60	−68	−80	−94	−112	−148	−200	−274	1.5	3	4	5	9	14
40	50					−54	−70	−81	−97	−114	−136	−180	−242	−325						
50	65		−32	−41	−53	−66	−87	−102	−122	−144	−172	−226	−300	−405	2	3	5	6	11	16
65	80			−43	−59	−75	−102	−120	−146	−174	−210	−274	−360	−480						
80	100		−37	−51	−71	−91	−124	−146	−178	−214	−258	−335	−445	−585	2	4	5	7	13	19
100	120			−54	−79	−104	−144	−172	−210	−254	−310	−400	−525	−690						
120	140		−43	−63	−92	−122	−170	−202	−248	−300	−365	−470	−620	−800	3	4	6	7	15	23
140	160			−65	−100	−134	−190	−228	−280	−340	−415	−535	−700	−900						
160	180			−68	−108	−146	−210	−252	−310	−380	−465	−600	−780	−1000						
180	200		−50	−77	−122	−166	−236	−284	−350	−425	−520	−670	−880	−1150	3	4	6	9	17	26
200	225			−80	−130	−180	−258	−310	−385	−470	−575	−740	−960	−1250						
225	250			−84	−140	−196	−284	−340	−425	−520	−640	−820	−1050	−1350						
250	280		−56	−94	−158	−218	−315	−385	−475	−580	−710	−920	−1200	−1550	4	4	7	9	20	29
280	315			−98	−170	−240	−350	−425	−525	−650	−790	−1000	−1300	−1700						
315	355		−62	−108	−190	−268	−390	−475	−590	−730	−900	−1150	−1500	−1900	4	5	7	11	21	32
355	400			−114	−208	−294	−435	−530	−660	−820	−1000	−1300	−1650	−2100						
400	450		−68	−126	−232	−330	−490	−595	−740	−920	−1100	−1450	−1850	−2400	5	5	7	13	23	34
450	500			−132	−252	−360	−540	−660	−820	−1000	−1250	−1600	−2100	−2600						
500	560		−78	−150	−280	−400	−600													
560	630			−155	−310	−450	−660													
630	710		−88	−175	−340	−500	−740													
710	800			−185	−380	−560	−840													
800	900		−100	−210	−430	−620	−940													
900	1000			−220	−470	−680	−1050													
1000	1120		−120	−250	−520	−780	−1150													
1120	1250			−260	−580	−840	−1300													
1250	1400		−140	−300	−640	−960	−1450													
1400	1600			−330	−720	−1050	−1600													
1600	1800		−170	−370	−820	−1200	−1850													
1800	2000			−400	−920	−1350	−2000													
2000	2240		−195	−440	−1000	−1500	−2300													
2240	2500			−460	−1100	−1650	−2500													
2500	2800		−240	−550	−1250	−1900	−2900													
2800	3150			−580	−1400	−2100	−3200													

注：1. 公称尺寸小于或等于 1mm 时，基本偏差 A 和 B 及大于 IT8 的 N 均不采用。

2. 公差带 JS7 至 JS11，若 IT_n 值数是奇数，则取偏差$=\pm\frac{IT_n-1}{2}$。

3. 对小于或等于 IT8 的 K、M、N 和小于或等于 IT7 的 P～ZC，所需 Δ 值从表内右侧选取。
例如：18～30mm 段的 K7：Δ=8μm，所以 ES=−2μm+8μm=+6μm
18～30mm 段的 S6：Δ=4μm，所以 ES=−35μm+4μm=−31μm

4. 特殊情况：250～315mm 段的 M6，ES=−9μm（代替−11μm）。

4. 公差带代号和配合代号

（1）公差带代号　用基本偏差代号（位置要素）和标准公差等级数字（大小要素）表示，两者要用同一字号的字体书写。例如，H8、F8、K7、P7等为孔的公差带代号；h7、f7、k7、p6等为轴的公差带代号。尺寸公差的标注方法有三种形式：

1）只注公差带代号，不注具体极限偏差数值。

2）只注极限偏差数值，不注公差带代号。

3）公差带代号和极限偏差数值同时注出，极限偏差应加圆括号。

示例如下：

孔　$\phi50H8$，$\phi50^{+0.039}_{0}$，$\phi50H8\ (^{+0.039}_{0})$；轴　$\phi50f7$，$\phi50^{-0.025}_{-0.050}$，$\phi50f7\ (^{-0.025}_{-0.050})$。

（2）配合代号　用基本偏差代号和标准公差等级代号的组合来表示，写成分数形式，分子为孔的公差带代号，分母为轴的公差带代号。如$\phi50H8/f7$或$\phi50\frac{H8}{f7}$，$\phi25K7/h6$或$\phi25\frac{K7}{h6}$。

（3）公差带代号和配合代号的意义（表1-7）

表1-7　公差带代号和配合代号的意义

序号	实　例	表　示　意　义
1	$\phi30F8$	公称尺寸$\phi30$mm，公差等级8级，基本偏差是F的基轴制间隙配合的孔
2	$\phi40H4$	① 公称尺寸$\phi40$mm，公差等级4级，基本偏差是H的基孔制的基准孔 ② 公称尺寸$\phi40$mm，公差等级4级，基本偏差是H的基轴制间隙配合的孔
3	$\phi60T6$	公称尺寸$\phi60$mm，公差等级6级，基本偏差是T的基轴制过盈配合的孔
4	$\phi25u5$	公称尺寸$\phi25$mm，公差等级5级，基本偏差是u的基孔制过盈配合的轴
5	$\phi50b13$	公称尺寸$\phi50$mm，公差等级13级，基本偏差是b的基孔制间隙配合的轴
6	$\phi30h9$	① 公称尺寸$\phi30$mm，公差等级9级，基本偏差是h的基轴制的基准轴 ② 公称尺寸$\phi30$mm，公差等级9级，基本偏差是h的基孔制间隙配合的轴
7	$\phi25\frac{H8}{h7}$	① 公称尺寸$\phi25$mm，基孔制（分子是H），公差等级孔是8级、轴是7级，基本偏差孔是H、轴是h的间隙配合 ② 公称尺寸$\phi25$mm，基轴制（分母是h），公差等级孔是8级、轴是7级，基本偏差孔是H、轴是h的间隙配合 ③ 公称尺寸$\phi25$mm，公差等级孔是8级、轴是7级，基本偏差孔是H、轴是h的基准件配合（间隙配合）
8	$\phi35\frac{H7}{p6}$	公称尺寸$\phi35$mm，基孔制（分子是H），公差等级孔是7级、轴是6级，基本偏差孔是H、轴是p的过盈配合
9	$\phi45\frac{K7}{h6}$	公称尺寸$\phi45$mm，基轴制（分母是h），公差等级孔是7级、轴是6级，基本偏差孔是K、轴是h的过渡配合

三、另一极限偏差数值的确定

有了基本偏差和标准公差，就不难求出另一极限偏差（上极限偏差或下极限偏差）。计算公式为

$$孔\quad EI=ES-IT\ 或\ ES=EI+IT$$

$$轴\quad ei=es-IT\ 或\ es=ei+IT$$

例1-6　已知$\phi100t7$，查标准公差和基本偏差，计算另一极限偏差。

解　1）查标准公差：从表1-1查得　$IT7=35\mu m$

2）查基本偏差：从表1-5查得　$ei=+91\mu m$

3）计算另一极限偏差　$es=ei+IT7=+91\mu m+(+35)\mu m=+126\mu m$

例1-7　已知$\phi130N4$，查标准公差和基本偏差，计算另一极限偏差。

解　1）查标准公差：从表 1-1 查得　IT4=12μm

2）查基本偏差：从表 1-6 查得　ES=−27μm+Δ=−27μm+4μm=−23μm

3）计算另一极限偏差　EI=ES−IT4=−23μm−12μm=−35μm

例 1-8　用查表法确定 φ30H8/f7 和 φ30F8/h7 配合中孔、轴的极限偏差，计算两对配合的极限间隙，并绘出公差带图。

解　（1）查标准公差：从表 1-1 查得　IT7=21μm，IT8=33μm

（2）确定极限偏差

1）φ30H8/f7 的极限偏差

从表 1-6 查得　孔的基本偏差 EI=0，所以 ES=EI+IT8=0μm+33μm=+33μm

从表 1-5 查得　轴的基本偏差 es=−20μm，所以 ei=es−IT7=−20μm−21μm=−41μm

由此可得孔为 $\phi30^{+0.033}_{0}$mm，轴为 $\phi30^{-0.020}_{-0.041}$mm。

2）φ30F8/h7 的极限偏差

从表 1-6 查得　孔的基本偏差 EI=+20μm，所以 ES=EI+IT8=+20μm+33μm=+53μm

从表 1-5 查得　轴的基本偏差 es=0，所以 ei=es−IT7=0μm−21μm=−21μm

由此可得孔为 $\phi30^{+0.053}_{+0.020}$mm，轴为 $\phi30^{\ 0}_{-0.021}$mm。

（3）计算两对配合的极限间隙

1）φ30H8/f7 的极限间隙

$$X_{max}=ES-ei=+33\mu m-(-41)\mu m=+74\mu m$$

$$X_{min}=EI-es=0\mu m-(-20)\mu m=+20\mu m$$

2）φ30F8/h7 的极限间隙

$$X_{max}=ES-ei=+53\mu m-(-21)\mu m=+74\mu m$$

$$X_{min}=EI-es=+20\mu m-0\mu m=+20\mu m$$

（4）绘制公差带图（图 1-15）

由上例可以看出，φ30H8/f7 和 φ30F8/h7 两对配合的最大间隙和最小间隙均相等，即配合性质相同，故也称为同名配合。

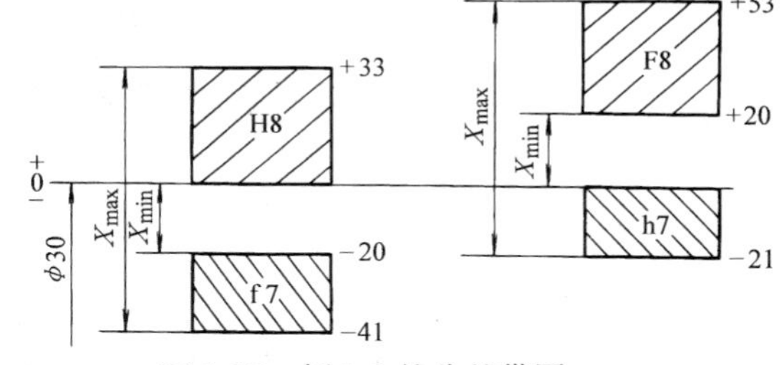

图 1-15　例 1-8 的公差带图

四、极限偏差表

用上述方法确定孔、轴极限偏差较为麻烦，因此，国家标准将经过大量繁杂计算的结果汇总起来，形成了轴的极限偏差表（附录 A）和孔的极限偏差表（附录 B），这样便能很快地确定出孔、轴的极限偏差数值。

例 1-9　查表确定 φ35js7 和 φ20P7 的极限偏差。

解　从附录 A 轴的极限偏差表中查得 φ35js7 的极限偏差为±0.012mm，故为(φ35±0.012) mm。

从附录 B 孔的极限偏差表中查得 φ20P7 的极限偏差为 ES=−0.014mm，EI=−0.035mm，故为 $\phi20^{-0.014}_{-0.035}$mm。

五、公差带与配合的优化

由 20 个标准公差等级和 28 个基本偏差可以组成许多公差带。孔有 20×27+3(J6，J7，

J8)＝543（种），轴有 20×27＋4(j5，j6，j7，j8)＝544（种）。当它们与基准轴和基准孔配合时又可得到大量的配合。在生产实践中，使用数量过多的公差带与配合，必将使标准繁杂，不利于生产；许多公差带与配合使用甚少；增加了定值刀具、量具的品种规格，给管理带来困难，影响经济效益。所以，必须对公差带与配合的选用加以限制。

1. 公差带系列

GB/T 1801—2009 对公称尺寸至 500mm 的孔、轴规定了优先、常用和一般用途公差带。轴的一般用途公差带有 116 种，即如图 1-16 所示的所有公差带，方框内为常用公差带，有 59 种；圆圈内为优先公差带，有 13 种。

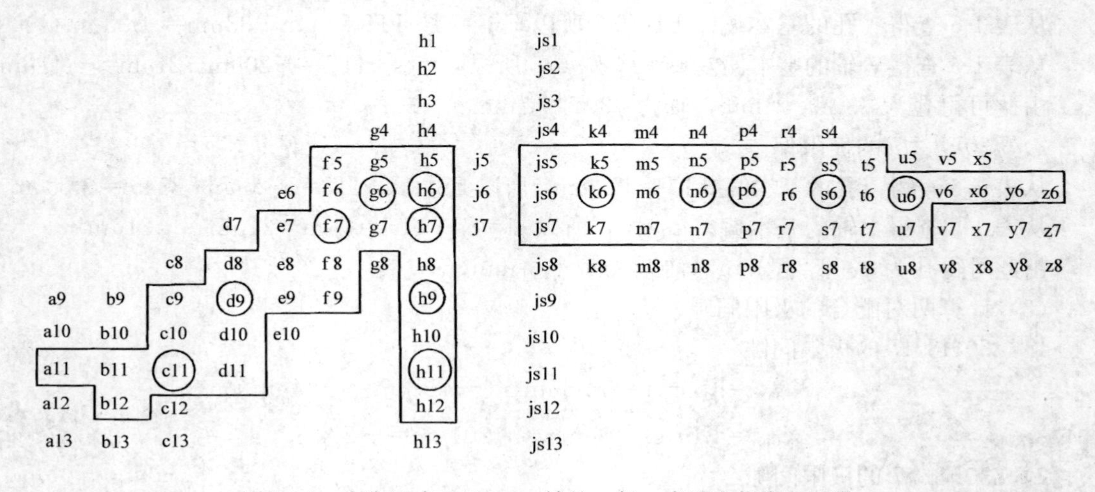

图 1-16　公称尺寸至 500mm 轴的一般、常用和优先公差带

同样，国家标准对孔规定了 105 种一般用途公差带，方框内为 43 种常用公差带，圆圈内为 13 种优先公差带，如图1-17 所示。

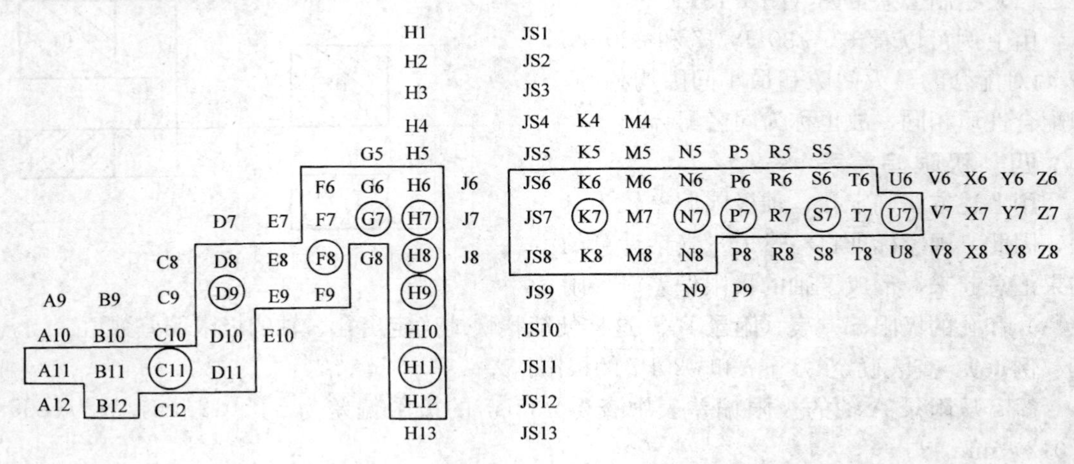

图 1-17　公称尺寸至 500mm 孔的一般、常用和优先公差带

选用公差带时，应首先选优先公差带，其次选用常用公差带，最后选用一般公差带。

2. 配合系列

GB/T 1801—2009 不仅规定了公称尺寸至 500mm 的常用和优先孔、轴公差带，并在此

基础上又规定了常用和优先基孔制配合和基轴制配合。基孔制配合有 59 种常用配合，13 种优先配合，见表 1-8；基轴制配合有 47 种常用配合，13 种优先配合，见表 1-9。选用配合时，应首先选优先配合，其次常用配合。

表 1-8　基孔制优先、常用配合

基准孔	轴																				
	a	b	c	d	e	f	g	h	js	k	m	n	p	r	s	t	u	v	x	y	z
	间隙配合								过渡配合			过盈配合									
H6						H6/f5	H6/g5	H6/h5	H6/js5	H6/k5	H6/m5	H6/n5	H6/p5	H6/r5	H6/s5	H6/t5					
H7						H7/f6	◤H7/g6	◤H7/h6	H7/js6	◤H7/k6	H7/m6	◤H7/n6	◤H7/p6	H7/r6	◤H7/s6	H7/t6	◤H7/u6	H7/v6	H7/x6	H7/y6	H7/z6
H8					H8/e7	◤H8/f7	H8/g7	◤H8/h7	H8/js7	H8/k7	H8/m7	H8/n7	H8/p7	H8/r7	H8/s7	H8/t7	H8/u7				
				H8/d8	H8/e8	H8/f8		H8/h8													
H9			H9/c9	◤H9/d9	H9/e9	H9/f9		◤H9/h9													
H10			H10/c10	H10/d10				H10/h10													
H11	H11/a11	H11/b11	◤H11/c11	H11/d11				◤H11/h11													
H12		H12/b12						H12/h12													

注：1. $\frac{H6}{n5}$、$\frac{H7}{p6}$在公称尺寸小于或等于 3mm 和$\frac{H8}{r7}$在小于或等于 100mm 时，为过渡配合。

2. 标注◤的配合为优先配合。

表 1-9　基轴制优先、常用配合

基准轴	孔																				
	A	B	C	D	E	F	G	H	JS	K	M	N	P	R	S	T	U	V	X	Y	Z
	间隙配合								过渡配合			过盈配合									
h5						F6/h5	G6/h5	H6/h5	JS6/h5	K6/h5	M6/h5	N6/h5	P6/h5	R6/h5	S6/h5	T6/h5					
h6						F7/h6	◤G7/h6	◤H7/h6	JS7/h6	◤K7/h6	M7/h6	◤N7/h6	◤P7/h6	R7/h6	◤S7/h6	T7/h6	◤U7/h6				
h7					E8/h7	◤F8/h7		◤H8/h7	JS8/h7	K8/h7	M8/h7	N8/h7									
h8				D8/h8	E8/h8	F8/h8		H8/h8													
h9				◤D9/h9	E9/h9	F9/h9		◤H9/h9													
h10				D10/h10				H10/h10													
h11	A11/h11	B11/h11	◤C11/h11	D11/h11				◤H11/h11													
h12		B12/h12						H12/h12													

注：标注◤的配合为优先配合。

六、一般公差——未注公差的线性尺寸

“未注公差的尺寸”即通常所说的“自由尺寸”，它是指那些不包括在尺寸链中，且对配合性质又无直接影响的尺寸，其精度在一般情况下不影响该零件的工作性能和质量；因此，在图样上通常都不标出它们的极限偏差值。但这并不是说对这类尺寸没有任何要求，只是说明比一般配合尺寸的要求要低。

1. 一般公差的概念

一般公差指在车间通常加工条件下可保证的公差。在正常维护和操作的条件下，它代表经济加工精度。采用一般公差的尺寸，在该尺寸后不注出极限偏差（或公差），并且在正常条件下可不进行检验。这样有利于简化制图，使图面清晰，并突出重要的、有公差要求的尺寸，以便在加工和检验时引起对重要尺寸的重视。

2. 一般公差的应用

一般公差主要用于低精度的非配合尺寸，以及由工艺方法来保证的尺寸。例如，冲压件和铸件的尺寸由模具保证。

3. 线性尺寸一般公差的规定

GB/T 1804—2000 规定了线性尺寸的一般公差等级和极限偏差。一般公差等级分为四级，即 f（精密级）、m（中等级）、c（粗糙级）、v（最粗级）。线性尺寸的极限偏差数值见表 1-10，倒圆半径与倒角高度尺寸的极限偏差数值见表 1-11。

表 1-10　线性尺寸的极限偏差数值　（单位：mm）

公差等级	尺寸分段							
	0.5～3	>3～6	>6～30	>30～120	>120～400	>400～1000	>1000～2000	>2000～4000
f(精密级)	±0.05	±0.05	±0.1	±0.15	±0.2	±0.3	±0.5	—
m(中等级)	±0.1	±0.1	±0.2	±0.3	±0.5	±0.8	±1.2	±2
c(粗糙度)	±0.2	±0.3	±0.5	±0.8	±1.2	±2	±3	±4
v(最粗级)	—	±0.5	±1	±1.5	±2.5	±4	±6	±8

表 1-11　倒圆半径与倒角高度尺寸的极限偏差数值　（单位：mm）

<table>
<tr><th rowspan="2">公差等级</th><th colspan="4">尺寸分段</th></tr>
<tr><th>0.5～3</th><th>>3～6</th><th>>6～30</th><th>>30</th></tr>
<tr><td>f(精密度)</td><td rowspan="2">±0.2</td><td rowspan="2">±0.5</td><td rowspan="2">±1</td><td rowspan="2">±2</td></tr>
<tr><td>m(中等级)</td></tr>
<tr><td>c(粗糙级)</td><td rowspan="2">±0.4</td><td rowspan="2">±1</td><td rowspan="2">±2</td><td rowspan="2">±4</td></tr>
<tr><td>v(最粗级)</td></tr>
</table>

4. 线性尺寸一般公差的标注

在规定图样上未注公差尺寸的一般公差时，应根据车间的一般加工精度选取本标准规定的公差等级。在图样标题栏附近或技术要求里、技术文件（如企业标准）中注出标准号及公差等级代号。例如，选用中等级时，标注为 GB/T 1804—m。

七、温度条件

因为物体特别是金属材料都具有热胀冷缩的性质，零件在加工、测量和使用过程中，温度的变化会引起零件尺寸的变化。因此，国家标准明确规定，尺寸的标准温度是 20℃。其含义有两个：一是图样上和标准中规定的极限与配合是在 20℃时给定的；二是检测时测量

结果应以工件和计量器具的温度在20℃时为准。若偏离标准温度，应予以修正。

◇◇◇ 第三节　极限与配合的选择

在设计产品时，选用极限与配合是必不可少的重要环节，也是确保产品质量、性能、互换性和经济效益的一项极其重要的工作。选用时主要解决三个问题，即确定配合制、公差等级和配合种类。

一、配合制的选用

配合制包括基孔制配合和基轴制配合两种，而且这两种配合制的同名配合（如H8/f7与F8/h7，H7/p6与P7/h6等）其配合性质是相同的，也就是两者都可满足同样的使用要求。所以，配合制的选用与使用要求无关，主要应从经济效益考虑，同时兼顾零件功能、结构、工艺条件、采用的标准件等方面。

1. 一般情况下优先采用基孔制配合

从工艺上看，加工中、小尺寸的孔通常需要采用价格昂贵的钻头、铰刀、拉刀等定值刀具，而且每把刀具只能加工一种尺寸的孔。加工轴则不然，一把车刀或砂轮可加工不同尺寸的轴。此外，孔在加工和测量等方面要比轴复杂。因此，采用基孔制配合可以减少备用定值刀具和量具的品种规格和数量，减少加工与测量孔的调整工作量，降低生产成本，提高加工的经济效益。

2. 某些情况下应当选用基轴制

1）直接采用冷拉钢材作为轴，其表面不再切削加工，宜采用基轴制配合。如在农业和纺织等机械中，常采用精度可达IT8～IT11的冷拉棒材，不加工直接作为轴，可获得明显的经济效益。

2）有些零件由于结构或工艺上的原因，必须采用基轴制。图1-18a所示为活塞连杆机

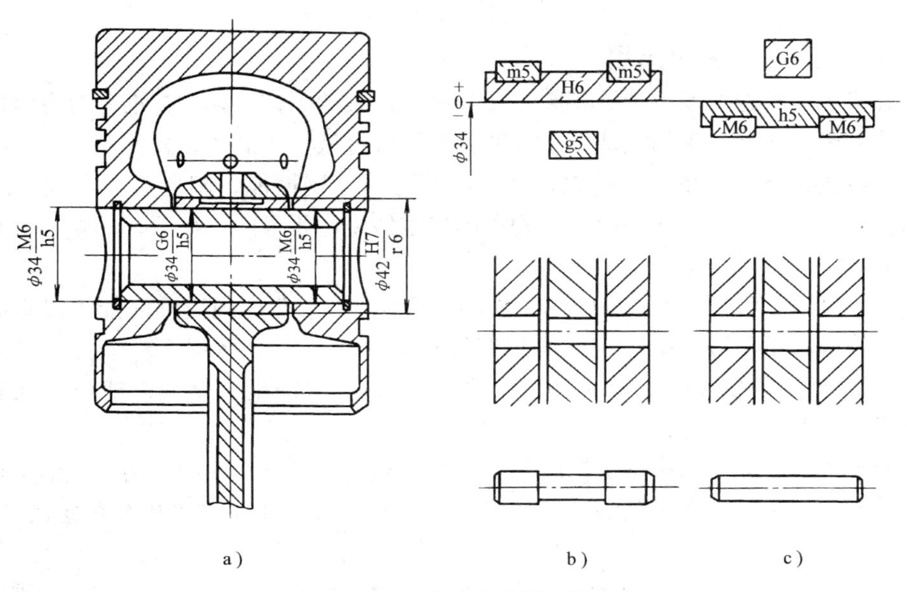

图1-18　基轴制选用示例

a）活塞连杆机构　b）基孔制　c）基轴制

构，工作时活塞销与连杆的衬套需有相对运动，而与活塞孔无相对运动。因此，前者应采用间隙配合，后者采用过渡配合。如果采用基孔制，三段配合为 ϕ34H6/m5，ϕ34H6/g5，ϕ34H6/m5，如图 1-18b 所示，即必须将活塞销做成两头大、中间小的阶梯轴。这种形状的活塞销加工不容易，装配也不方便，会使连杆的衬套孔刮伤。如果改用基轴制，则三段的配合可改为：ϕ34M6/h5，ϕ34G6/h5，ϕ34M6/h5，如图 1-18c 所示，活塞销按一种公差带加工，做成光轴，而连杆孔和活塞孔因为分别在两个零件上，按不同的公差带加工，不会给加工带来困难，又利于装配。

3. 根据标准件确定配合制

例如，滚动轴承内圈与轴的配合采用基孔制，而滚动轴承外圈与孔的配合采用基轴制。

4. 特殊需要时可选用混合配合

图 1-19 所示的隔套是将两个滚动轴承隔开以提高刚性并作为轴向定位的。为使安装方便，隔套与齿轮轴筒的配合应选用间隙配合。由于齿轮轴筒与滚动轴承内圈的配合已按基孔制选定了 ϕ60js6 公差带；因此，隔套内孔公差带只好选用非基准孔公差带 ϕ60D10（图 1-19b），才能得到间隙配合。

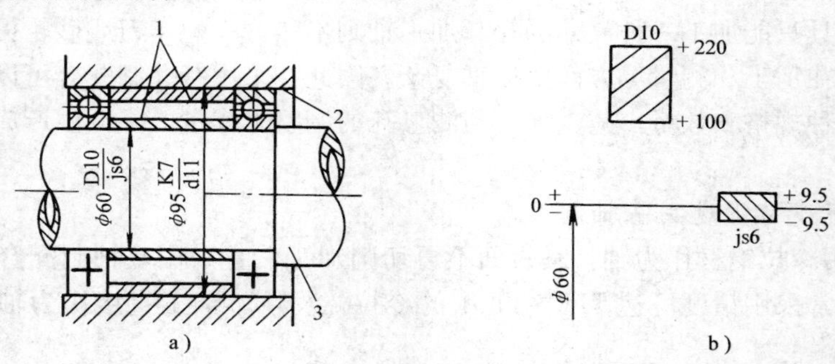

图 1-19　混合配合应用示例

1—隔套　2—主轴箱孔　3—齿轮轴筒

二、标准公差等级的选用

标准公差等级的选择是一项重要同时又是比较困难的工作。因为标准公差等级的选择直接影响产品使用性能和加工的经济性。标准公差等级过低，产品质量得不到保证；标准公差等级过高，将使制造成本增加。所以，必须综合考虑使用性能、制造工艺和成本之间的关系，正确合理地确定。对于选择原则，是在满足零件使用要求的前提下，尽量选用较低的标准公差等级。

对于公称尺寸不大于 500mm 的较高精度的配合，由于孔比同级轴的加工成本高，所以当标准公差等级高于 IT8 时，国家标准推荐孔比轴采用低一级精度。对于公称尺寸不大于 500mm 且标准公差等级低于 IT8 或公称尺寸大于 500mm 的配合，孔、轴加工难易程度相当，故取同级精度。

生产中主要采用类比法来确定标准公差等级，即参考经过实践证明为合理的类似产品上相应尺寸的公差，来确定孔、轴的标准公差等级。表 1-12 列出了国家标准规定的 20 个标准公差等级的大致应用范围。

确定标准公差等级时，还应考虑工艺上的可行性及经济性。表 1-13 是在正常条件下，标准公差等级和加工方法的大致关系，可供参考。

表 1-12　标准公差等级的应用

应　用	标准公差等级（IT）																			
	01	0	1	2	3	4	5	6	7	8	9	10	11	12	13	14	15	16	17	18
量　块	—	—	—																	
量　规			—	—	—	—	—	—	—											
配合尺寸							—	—	—	—	—	—	—	—	—					
特别精密零件的配合				—	—	—	—													
非配合尺寸（大制造公差）														—	—	—	—	—	—	—
原材料公差										—	—	—	—	—	—	—				

表 1-13　各种加工方法可能达到的标准公差等级

加工方法	标准公差等级（IT）																	
	01	0	1	2	3	4	5	6	7	8	9	10	11	12	13	14	15	16
研　磨	—	—	—	—	—	—	—											
珩						—	—	—	—									
圆　磨							—	—	—	—								
平　磨							—	—	—	—								
金刚石车							—	—	—									
金刚石镗							—	—	—									
拉							—	—	—	—								
铰								—	—	—	—	—						
车									—	—	—	—	—					
镗									—	—	—	—	—					
铣										—	—	—	—					
刨、插												—	—					
钻												—	—	—	—			
滚压、挤压												—	—					
冲　压												—	—	—	—	—		
压　铸													—	—	—	—		
粉末冶金成型								—	—	—								
粉末冶金烧结									—	—	—	—						
砂型铸造、气割																		—
锻　造																	—	

三、配合的选择

确定了配合制之后，选择配合就是根据使用要求确定配合类别、配合松紧程度（包括孔、轴的标准公差等级）。

1．配合类别的选用

在机械设计中选用哪类配合，主要取决于使用要求。若工作时孔、轴间有相对运动或虽无相对运动却要求装拆方便，则应选用间隙配合；若要求传递足够大的转矩，且又不要求拆卸时，一般应选用过盈配合；若需要孔、轴准确定心，且装拆比较方便，则应选用过渡配合。

2．基本偏差代号的确定

确定了配合类别后，再进一步确定配合的松紧程度，即确定与基准件配合的轴或孔的基本偏差代号。常用的确定方法有计算法、试验法和类比法。类比法是参考现有同类机器或类

似结构中经生产实践验证过的配合情况，与所设计零件的使用条件相比较，经过修正后确定配合的一种方法，它是生产中应用最广泛的简便方法。表 1-14 和表 1-15 可供参考。此外，实际工作中还应根据工作条件的要求，首先从标准规定的优先配合中选用，不能满足要求时，再从常用配合中选用。若常用配合还不能满足要求，则可依次由优先公差带、常用公差带以及一般用途公差带中选择适当的孔、轴组成要求的配合。在个别情况下，还可以根据国家标准对标准公差系列和基本偏差系列的规定，组成孔、轴公差带，获得满足特殊使用要求的配合。表 1-16 列出了基孔制配合和基轴制配合各 10 种优先配合的选用说明供参考。

表 1-14　工作条件对配合松紧的要求

工作条件	配合应	工作条件	配合应
经常拆卸 工作时孔的温度比轴低 几何误差较大	松	有冲击和振动 表面较粗糙 对中性要求高	紧

表 1-15　轴的基本偏差选用说明

配合	基本偏差	特性及应用
间隙配合	a，b	可得到特别大的间隙，应用很少
	c	可得到很大的间隙，一般适用于缓慢、松弛的间隙配合。用于工作条件较差（如农业机械），受力变形，或为了便于装配而必须保证有较大的间隙时，推荐配合为 H11/c11。其较高等级的 H8/c7 配合，适用于轴在高温工作的紧密配合，例如内燃机排气阀和导管间的配合
	d	一般用于 IT7～IT11 级，适用于松的转动配合，如密封盖、滑轮、空转带轮等与轴的配合。也适用于对大直径滑动轴承配合，如涡轮机、球磨机、轧滚成形和重型弯曲机以及其他重型机械中的一些滑动轴承
	e	多用于 IT7、IT8、IT9 级，通常用于要求有明显间隙，易于转动的轴承配合，如大跨距轴承、多支点轴承等配合。高等级的 e 轴适用于大的、高速、重载支承，如涡轮发电机、大型电动机及内燃机的主要轴承、凸轮轴轴承等配合
	f	多用于 IT6、IT7、IT8 级的一般转动配合。当温度影响不大时，被广泛用于普通润滑油（或润滑脂）润滑的支承，如齿轮箱、小电动机、泵等的转轴与滑动轴承的配合
	g	配合间隙很小，制造成本高，除很轻负荷的精密装置外，不推荐用于转动配合。多用于 IT5、IT6、IT7 级，最适合不回转的精密滑动配合，也用于插销等定位配合，如精密连杆轴承、活塞及滑阀、连杆销等
	h	多用于 IT4～IT11 级。广泛用于无相对转动的零件，作为一般的定位配合。若没有温度、变形影响，也用于精密滑动配合
过渡配合	js	基本偏差完全对称（±IT/2），平均间隙较小的配合，多用于 IT4～IT7 级，要求间隙比 h 轴小，并允许略有过盈的定位配合。如联轴器、齿圈与钢制轮毂，可用木锤装配
	k	平均间隙接近于零的配合，适用于 IT4～IT7 级，推荐用于稍有过盈的定位配合。例如为了消除振动用的定位配合，一般用木锤装配
	m	平均过盈较小的配合，适用于 IT4～IT7 级，一般可用木锤装配，但在最大过盈时，要有相当的压入力
	n	平均过盈比 m 轴稍大，很少得到间隙，适用于 IT4～IT7 级，用木锤或压入机装配，通常推荐用于紧密的组件配合。H6/n5 配合时为过盈配合

（续）

配合	基本偏差	特　性　及　应　用
过盈配合	p	与H6或H7孔配合时是过盈配合，与H8孔配合时则为过渡配合。对非钢铁类零件，为较轻的压入配合，当需要时易于拆卸。对钢、铸铁或铜、钢组件装配是标准压入配合
	r	对钢铁类零件为中等打入配合，对非钢铁类零件，为轻打入的配合，当需要时可以拆卸。与H8孔配合，直径在100mm以上时为过盈配合，直径小时为过渡配合
	s	用于钢和铁制零件的永久性和半永久性装配，可产生相当大的结合力。当用弹性材料，如轻合金时，配合性质与铁类零件的p轴相当。例如套环压装在轴上、阀座等的配合。尺寸较大时，为了避免损伤配合表面，需用热胀冷缩法装配
	t	过盈较大的配合。对钢和铸铁零件适用于作永久性结合，不用键可传递转矩，需用热胀冷缩法装配，例如联轴器与轴的配合
	u	这种配合过盈大，一般应验算在最大过盈时，工件材料是否会损坏，要用热胀冷缩法装配，例如火车轮毂和轴的配合
	v，x，y，z	这些基本偏差所组成配合的过盈量更大，目前使用的经验和资料还很少，须经试验后才应用，一般不推荐

表1-16　优先配合的选用说明

优先配合	说　明
$\frac{H11}{c11}$，$\frac{C11}{h11}$	间隙极大，用于转速很高，轴、孔温差很大的滑动轴承；要求大公差、大间隙的外露部分；要求装配极方便的配合
$\frac{H9}{d9}$，$\frac{D9}{h9}$	间隙很大，用于转速较高、轴颈压力较大、精度要求不高的滑动轴承
$\frac{H8}{f7}$，$\frac{F8}{h7}$	间隙不大，用于中等转速、中等轴颈压力、有一定精度要求的一般滑动轴承；要求装配方便的中等定位精度的配合
$\frac{H7}{g6}$，$\frac{G7}{h6}$	间隙很小，用于低速转动或轴向移动的精密定位的配合；需要精确定位又经常装拆的不动配合
$\frac{H7}{h6}$，$\frac{H8}{h7}$，$\frac{H9}{h9}$，$\frac{H11}{h11}$	最小间隙为零，用于间隙定位配合，工作时一般无相对运动；也用于高精度低速轴向移动的配合。公差等级由定位精度决定
$\frac{H7}{k6}$，$\frac{K7}{h6}$	平均间隙接近于零，用于要求装拆的精密定位的配合
$\frac{H7}{n6}$，$\frac{N7}{h6}$	较紧的过渡配合，用于一般不拆卸的更精密定位的配合
$\frac{H7}{p6}$，$\frac{P7}{h6}$	过盈很小，用于要求定位精度高、配合刚性好的配合；不能只靠过盈传递载荷
$\frac{H7}{s6}$，$\frac{S7}{h6}$	过盈适中，用于靠过盈传递中等载荷的配合
$\frac{H7}{u6}$，$\frac{U7}{h6}$	过盈较大，用于靠过盈传递较大载荷的配合。装配时需加热孔或冷却轴

复习思考题

1. 何谓公称尺寸？通常有哪几种确定方法？
2. 何谓提取组成要素的局部尺寸？为什么说提取组成要素的局部尺寸并非尺寸的真值？
3. 何谓极限尺寸？它是如何分类的？其作用是什么？

4. 何谓偏差？它是如何分类的？

5. 何谓极限偏差？它有哪几种？各用什么符号表示？

6. 何谓公差？如何计算？它和偏差的主要区别是什么？

7. 根据表 1-17 中已知数据，填写表中空格的数值，并绘出尺寸公差带图。

表　1-17　　（单位：mm）

公称尺寸	上极限尺寸	下极限尺寸	上极限偏差	下极限偏差	公　差
（1）轴 $\phi 20$	20.011	20.002			
（2）孔 $\phi 30$		30.007			0.021
（3）轴 $\phi 48$			−0.009	−0.020	
（4）孔 $\phi 90$			−0.051		0.054

8. 何谓配合？它有哪几种配合性质？各是如何定义的？其公差带特点是什么？需确定的极限盈隙（极限间隙或极限过盈）是什么？

9. 何谓配合公差？对各种配合应如何计算？

10. 已知表 1-18 中的数值，填写表中空格的数值。

表　1-18　　（单位：mm）

公称尺寸 $D(d)$	孔			轴			X_{max} 或 Y_{min}	X_{min} 或 Y_{max}	配合公差 T_f	配合性质
	ES	EI	T_h	es	ei	T_s				
(1)$\phi 25$		0				0.021	+0.074		0.054	
(2)$\phi 12$		0			+0.001		+0.01	−0.009		
(3)$\phi 50$			0.025	0		0.016		−0.0025		

11. 何谓标准公差？其数值大小与哪些因素有关？

12. 何谓标准公差等级？用什么表示的？国家标准规定了哪些标准公差等级？

13. 何谓基本偏差？孔和轴各有多少个基本偏差代号？

14. 配合制有哪两种？各是如何定义的？

15. 公差带用什么表示？其标注方法有哪三种？各举一例说明。

16. 利用查表确定下列公差带代号的标准公差数值和基本偏差数值，并计算出另一极限偏差的大小。

（1）ϕ20H7；（2）ϕ45K7；（3）ϕ60JS6；（4）ϕ100JS6；（5）ϕ50m8；（6）ϕ25h6。

17. 利用极限偏差表确定 16 题的极限偏差。

18. 说明下列公差带代号和配合代号的含义。

（1）ϕ18F8；（2）ϕ35U5；（3）ϕ40M6；（4）ϕ60n5；（5）ϕ70e6；（6）ϕ50h7；（7）ϕ20S8/h7；（8）ϕ100H7/js6；（9）ϕ45H7/g6；（10）ϕ90P7/h6。

19. 何谓一般公差？通常分哪几个公差等级？

20. 试述配合制的选用原则。

21. 为什么在一般情况下应优先采用基孔制？

22. 选用公差等级的原则是什么？其主要选用的方法是哪一种？

23. 选用配合（基本偏差代号）的方法有哪几种？最常用的是哪一种？

24. 下列尺寸标注是否正确？如有错请改正。

（1）$\phi 23^{+0.015}_{-0.021}$ mm；（2）$\phi 30^{+0.033}_{0}$ mm；（3）$\phi 65_{-0.019}$ mm；（4）$\phi 50^{-0.025}_{-0.009}$ mm；（5）$\phi 100^{+0.027}_{-0.027}$ mm；（6）$\phi 45^{+0.025}$ mm。

第二章

技术测量的基本知识及常用计量器具

◇◇◇ 第一节 技术测量的基本知识

在机械制造业中，零件加工后，其几何量需要测量或检验，以判定它们是否符合技术要求。只有经检测合格的零件，才具有互换性。

一、技术测量的含义

测量是以确定被测对象的量值而进行的实验过程。在这个实验过程中，通常是将被测的量与作为计量单位的标准量进行比较，从而确定二者比值的过程。

检验是指判断被测量是否在规定范围内的过程，它不要求得到被测量的具体数值。

检测是指检验和测量的总称。

检查是指测量和外观验收等方面的过程。

二、测量要素

任何一个完整的测量过程，都包括被测对象、计量单位、测量方法和测量精度四个方面，通常将它们统称为测量过程四要素。被测对象的结构特征和测量要求在很大程度上决定了测量方法。测量方法是指测量时所采用的计量器具和测量条件的综合。测量精度是指测量结果与其真值的一致程度。

三、计量单位和计量器具的分类

1. 计量单位

为了保证测量的准确性，首先需要建立国际统一、稳定可靠的长度基准。我国采用以国际单位制为基础的法定计量单位。在长度计量中米（m）是基本单位，其定义是 1983 年 10 月在第 17 届国际计量大会上通过的：米是光在真空中 1/299 792 458s（秒）的时间间隔内所行进的路程长度。平面角的角度计量单位为弧度（rad）、度（°）、分（′）、秒（″）。

机械制造中常采用的长度计量单位为毫米（mm），$1mm=10^{-3}m$。在精密测量中，长度计量单位采用微米（μm），$1\mu m=10^{-3}mm$。在超精密测量中，长度计量单位采用纳米（nm），$1nm=10^{-3}\mu m$。在实际工作中，如遇到英制长度单位时，常以英寸（in）作为基本单位，它与法定长度单位的换算关系是 1in=25.4mm。

机械制造中常用的角度单位为弧度、微弧度（μrad）和度、分、秒。$1\mu rad=10^{-6}rad$，$1°=0.0174533rad$。度、分、秒的关系采用 60 进位制，即 $1°=60'$，$1'=60''$。

上述米的定义，虽然足够精确，但是却不便于直接应用于生产中的测量。为了保证长度基准的量值能够准确地传递到生产中去，在组织上和技术上都必须建立一套系统，这就是长度传递系统。目前，线纹尺和量块是实际工作中常用的两种实体基准。

2. 计量器具的分类

计量器具按结构特点可分为量具、量规、量仪和计量装置等四类。

（1）量具　以固定形式复现量值的计量器具，结构比较简单，没有传动放大系统，一般分单值量具和多值量具两种：单值量具是指复现几何量的单个量值的量具，即标准量具，如量块、直角尺等；多值量具是指复现一定范围内的一系列不同量值的量具，即通用量具，如金属直尺、游标卡尺、千分尺等。

（2）量规　没有刻度的专用计量器具，用以检验零件提取组成要素的局部尺寸和几何误差的综合结果。检验结果只能判断被测几何量合格与否，而不能获得被测几何量的具体数值，如用光滑极限量规、位置量规和螺纹量规等功能量规检验工件。

（3）量仪　将被测几何量的量值转换成可直接观测的指示值（示值）或等效信息的计量器具，一般具有传动放大系统。量仪按原始信号转换原理的不同，可分为以下四种：

1）机械式量仪。用机械方法实现原始信号转换的量仪，如指示表、杠杆齿轮比较仪等。

2）光学式量仪。用光学方法实现原始信号转换的量仪，如光学计、工具显微镜等。

3）电动式量仪。将原始信号转换为电量形式信息的量仪，如电感比较仪、电容比较仪、干涉仪等。

4）气动式量仪。以压缩空气为介质，通过气动系统流量或压力的变化来实现原始信号转换的量仪，如水柱式气动量仪、浮标式气动量仪等。

（4）计量装置　为确定被测几何量值所必需的计量器具和辅助设备的总体，它能够测量较多的几何量和较复杂的零件。

四、测量方法的分类

前面所讲的测量方法是一种广义的概念，在实际工作中往往从获得结果的方式来理解测量方法，具体分类如下：

1. 按照获得结果的方法不同分类

（1）直接测量　直接由计量器具标尺上读出被测量的实际数值或被测量对标准量的偏差。直接测量又可分为绝对测量与相对（比较）测量。

1）绝对测量。由计量器具标尺上直接读出被测量的实际数值。例如，用游标卡尺、千分尺测量零件的直径。

2）相对测量。计量器具标尺上指示的值只是被测量对标准量的偏差。由于标准量是已知的，因此被测量的整个数值等于计量器具所指偏差与标准量的代数和。例如，用量规调整比较仪测量尺寸。一般来说，相对测量的精度较高。

（2）间接测量　测量与被测量之间有已知函数关系的其他量，再经过计算得到被测量的测量方法。例如，用游标卡尺测量两孔的中心距。

2. 按照零件同时被测参数的多少分类

（1）综合测量　同时测量零件上的几个有关参数，从而综合评定零件是否合格。例如，用完整牙型的螺纹量规检验螺纹轮廓是否在极限轮廓范围内。综合测量的效率高，并能对参数进行综合控制，可比较可靠地保证零件的互换性。

（2）单项测量　单个地、彼此没有联系地测量工件的单项参数。例如，用工具显微镜分别测量螺纹的中径、牙型半角和螺距等为单项测量。单项测量便于分析误差的来源。

3. 按照零件的表面与测头是否接触分类

（1）接触测量　仪器的测头与工件的被测表面接触并有机械作用力存在。例如，用电动轮廓仪测量表面粗糙度。

（2）非接触测量　仪器的测头与工件的被测表面不接触，没有机械作用力存在。例如，用光学投影测量、气动测量。

4. 按测量结果对工艺过程所起的作用分类

（1）主动测量　零件在加工过程中进行的测量。测量结果直接用来控制零件的加工过程，决定是否继续加工或需调整工艺系统，因此能预防废品产生。

（2）被动测量　零件加工后进行的测量。此时，测量结果仅限于发现并剔除废品。

5. 按照被测零件在测量过程中所处的状态分类

（1）静态测量　测量时，被测表面与测头是相对静止的。例如，用千分尺测量零件直径。

（2）动态测量　测量时，被测表面与测头之间有相对运动，它能反映被测参数的变化过程。例如，用激光比长仪测量精密线纹尺。

五、计量器具与测量方法的度量指标

度量指标是用以选择和使用计量器具、研究和判别测量方法正确性的依据。度量指标如下：

1. 标尺间距

沿着标尺长度的同一条线测得的两相邻标尺之间的距离。为了便于读数，一般标尺间距在 1～2.5mm 以内。

2. 分度值

对应两相邻标尺标记的两个值之差。例如，游标卡尺的分度值分别是 0.02mm、0.05mm、0.10mm，千分尺的分度值是 0.01mm。

3. 示值范围

计量器具标尺上所显示或指示的起始值到终止值的范围，它是极限示值界限内的一组值。例如，杠杆千分尺的示值范围为±0.02mm。

4. 测量范围

计量器具所能测量的被测量的最小值到最大值的范围。例如，千分尺的测量范围有 0～25mm，25～50mm，50～75mm 等多种。

5. 灵敏度

计量器具对被测的量变化的反映能力。对于一般长度计量器具，它等于标尺间距与分度值之比。例如，指示表（0.01mm）的标尺间距为 1.5mm，分度值为 0.01mm，其放大比为 1.5/0.01＝150。

6. 灵敏阈

引起计量器具示值可察觉变化的被测量的最小变化值，它反映了计量器具对最小被测尺寸的灵敏性。越是精密的仪器，灵敏阈越小。

7. 测量力

在接触测量过程中，测头与被测物体表面之间的接触压力。测量力的大小应适当，太大会引起弹性变形，太小则会影响接触的可靠性。因此，必须合理控制测量力的大小。

8. 示值误差

计量器具的示值与被测量的真值之差。它主要由计量器具的原理误差、刻度误差和传动机构的制造与调整误差所产生。示值误差的大小可通过对计量器具的检定得到。

9. 示值稳定性

在测量条件不作任何变动的情况下，对同一被测量进行多次重复测量时，其示值的最大变化范围。

10. 修正值

为消除示值误差，用代数法加到测量结果上的值，它与示值误差的绝对值相等，而符号相反。

六、测量误差

1. 测量误差及其表示

（1）测量误差的含义　由于计量器具与测量条件的限制或其他因素的影响，任何测量过程总是不可避免地存在测量误差。因此，每一个测得值，往往只是在一定程度上近似于真值，这种近似程度在数值上则表现为测量误差。所以测量误差是指测量结果与被测量的真值之间的差异。

（2）测量误差的表示方法

1）绝对误差 δ。测量结果 x 与其真值 x_0 之差，即

$$\delta = x - x_0$$

由于测量结果可大于或小于真值，因此绝对误差可能是正值或负值，即 $x_0 = x \pm \delta$。这说明，测量误差的大小决定了测量的精确度。δ 越大，精确度越低，反之则越高。绝对误差可用来评定大小相同的被测几何量的测量精确度。当被测尺寸不同时，要比较其精确度的高低，需采用测量相对误差。

2）相对误差 f。测量的绝对误差 δ 与其真值 x_0 之比，即

$$f = \delta / x_0$$

由于被测量的真值是不可知的，实际中以被测几何量的量值 x 代替真值 x_0 进行估算，即

$$f = \delta / x$$

相对误差是无量纲的数值，通常用百分数表示。

例如，用游标卡尺测量某零件尺寸为40.05mm，而该零件用高精度的测量仪测量结果为40.025mm，则可认为该游标卡尺测量的绝对误差为40.05mm－40.025mm＝＋0.025mm。若以相对误差表示，则有 $f=\delta/x=0.025/40.025\times100\%=0.06\%$。

由于存在测量误差，使测得值不能真实地反映被测量的大小，这就有可能歪曲了客观存在。在实际生产中，就可能使合格品报废，也可能使废品判为合格品。因此，必须分析测量误差的产生原因，尽量减小测量误差，提高测量精度。

2. 测量误差的产生原因

产生测量误差的原因很多，主要有以下几种：

（1）计量器具误差　与计量器具本身的设计、制造和使用过程有关的各项误差。这些误差的总和表现在计量器具的示值误差和重复精度上。设计计量器具时，因结构不符合理论要求会产生误差，都会在以后的使用中引起测量误差。例如，在设计量具和量仪时，应遵守阿贝原则，即基准长度应与被测长度在同一直线上的原则，否则就会造成理论误差。制造和装配计量器具也会产生误差，例如，刻度尺的刻线不准确、分度盘安装偏心、计量器具调整不善所造成的误差。使用计量器具的过程中也会产生误差，例如，计量器具中零件的变形、滑

动表面的磨损、接触测量的机械测量力所产生的误差。

（2）测量方法误差　测量方法不完善所产生的误差，它包括计算公式不精确、测量方法不当、工件装夹不合理等。例如，对同一个被测几何量分别用直接测量法和间接测量法会产生不同的方法误差；再如，先测出圆的直径 d，然后按公式 $s=\pi d$ 计算出周长 s，由于 π 取近似值，所以计算结果中带有方法误差。

（3）环境误差　测量时的环境条件不符合标准条件所引起的误差。例如，温度、湿度、气压、照明等不符合标准以及计量器具上有灰尘、振动等引起的误差。其中温度引起的误差特别显著，若不能保证在标准温度（20℃）条件下精密测量，则应加以修正。

（4）人员误差　测量人员的主观因素引起的误差，它包括技术熟练程度、分辨能力、思想情绪、连续工作时间长短、工作责任心等。例如，计量器具调整不正确和量值估读错误等因素引起的测量误差。为了减少上述误差，减轻测量人员的疲劳，越来越多地采用数字显示及计算机打印等读数方法。

3. 测量误差的分类

根据误差出现的规律，可以将其分为系统误差和随机误差。

（1）系统误差　在相同条件下多次重复测量同一几何量时，误差的大小和符号均不变，或按一定规律变化的测量误差。前者称为定值系统误差，例如千分尺的零位不正确引起的误差；后者称为变值系统误差，例如分度盘偏心所引起的按正弦规律周期变化的误差。定值系统误差可用对比检定法消除，变值系统误差可用对称法或半周期法消除。

（2）随机误差　测量结果在重复性条件下，对同一被测量进行无限多次测量所得结果的平均值之差。随机误差主要是由测量中一些偶然因素或不稳定因素引起的。例如计量器具传动机构的间隙、摩擦测量力的不稳定以及温度波动等引起的误差。所谓随机，是指它在单次（某一次）测量中误差出现是无规律可循的，但若进行多次重复测量时，则可发现随机误差符合正态分布规律，因此常用概率统计方法和通过改善测量方法估计误差范围，但不能将其消除或校正。

◇◇◇ 第二节　测量长度尺寸的常用计量器具

一、量块

1. 量块的用途

量块是一种没有刻度的平行端面量具，一般用铬锰钢或用线胀系数小、不易变形及耐磨的其他材料制成。量块除了作为长度基准进行尺寸传递外，还用于检定和校准其他量具、量仪，相对测量时调整量具和量仪的零位，以及用于调整精密机床、精密划线和测量精密零件。

2. 量块的形状

量块的形状一般为长方体，如图 2-1 所示，它有两个平行的测量面和四个非工作面。量块一个测量面上的任意点到与其相对的另一测量面相研合的辅助体表面之间的垂直距离称为量块长度 l，对应于量块未研合测量面中心点的量块长度称为量块中心长度 lc，而标记在量块上，用以表明其与主单位（m）之间关系的量值是量块标称长度。

3. 量块的研合性

量块的一个测量面与另一量块测量面或与另一经精加工的类似量块测量面的表面，通过

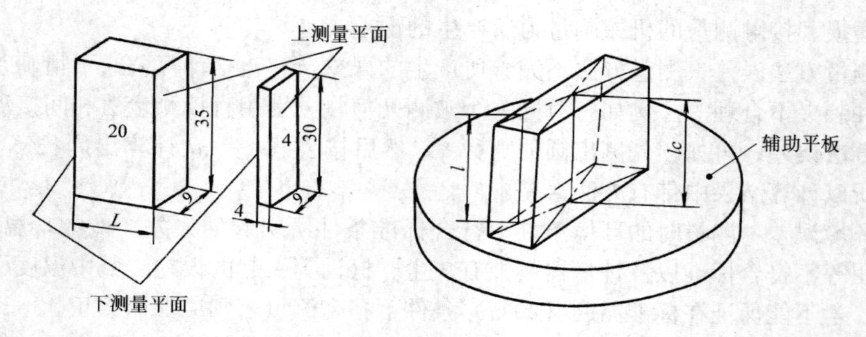

图2-1 量块

分子力的作用而相互粘合的性能。应用其研合性可以使多个固定尺寸的量块，组成一个量块组，组成所需要的尺寸。

4. 量块的尺寸系列及其组合

量块是成套生产的，根据国家标准规定共有17种套别，其每套数目分别为91、83、46、38、10、8、5等。常用成套量块见表2-1。

表2-1 常用成套量块

套别	总块数	级别	尺寸系列/mm	间隔/mm	块数
1	91	0,1	0.5 1 1.001,1.002,…,1.009 1.01,1.02,…,1.49 1.5,1.6,…,1.9 2.0,2.5,…,9.5 10,20,…,100	 0.001 0.01 0.1 0.5 10	1 1 9 49 5 16 10
2	83	0,1,2	0.5 1 1.005 1.01,1.02,…,1.49 1.5,1.6,…,1.9 2.0,2.5,…,9.5 10,20,…,100	 0.01 0.1 0.5 10	1 1 1 49 5 16 10
3	46	0,1,2	1 1.001,1.002,…,1.009 1.01,1.02,…,1.09 1.1,1.2,…,1.9 2,3,…,9 10,20,…,100	 0.001 0.01 0.1 1 10	1 9 9 9 8 10
4	38	0,1,2	1 1.005 1.01,1.02,…,1.09 1.1,1.2,…,1.9 2,3,…,9 10,20,…,100	 0.01 0.1 1 10	1 1 9 9 8 10

组合量块时，为减少量块的组合误差，应尽量减少量块的数目，一般不超过4～5块。选用量块时，应从消去所需尺寸的最小尾数开始，逐一选取。

例2-1 试用91块套别的量块组成46.027mm的尺寸。

解 46.027

−1.007 ———————第一块量块尺寸

45.02

```
 −1.02   ———————第二块量块尺寸
  44
 −4      ———————第三块量块尺寸
  40     ———————第四块量块尺寸
```

例 2-2　试用83块套别的和 38 块套别的两套量块组成 59.995mm 的尺寸。

解　(1) 用 83 块一套的量块

```
  59.995
 −1.005  ———————第一块量块尺寸
  58.99
 −1.49   ———————第二块量块尺寸
  57.5
 −7.5    ———————第三块量块尺寸
  50     ———————第四块量块尺寸
```

(2) 用 38 块一套的量块

```
  59.995
 −1.005  ———————第一块量块尺寸
  58.99
 −1.09   ———————第二块量块尺寸
  57.9
 −1.9    ———————第三块量块尺寸
  56
 −6      ———————第四块量块尺寸
  50     ———————第五块量块尺寸
```

由上例可以看出，用 83 块套别的要比用 38 块套别的量块好。

5. 量块的精度

为了满足不同应用场合对量块精度的要求，量块按制造精度分为 5 级，即 00、0、1、2、3 和 K 级，其中 00 级精度最高，3 级精度最低，K 级为校准级。分级的主要依据是量块长度的极限偏差、量块长度的变动允许值、测量面的平行度精度、量块的研合性及测量面粗糙度等。

量块按检定精度分为 6 等，即 1、2、3、4、5、6 等，其中 1 等精度最高。分等的主要依据是量块中心长度测量的极限误差和平面平行性极限误差。

6. 量块的使用方法

量块的使用方法可分为按“级”使用和按“等”使用两种。按“级”使用，是以量块的标称尺寸为工作尺寸，不计量块的制造误差和磨损误差，精度不高，但使用方便。按“等”使用，是用经检定后的量块的实测值作为工作尺寸，它不包含量块的制造误差，因此提高了测量精度，但使用不够方便。

量块在组合前应先用航空汽油或苯洗净表面的防锈油，并用麂皮或软绸擦干，然后将选好的量块逐块研合。研合时要保持动作平稳，避免量块的棱角划伤测量面。使用时不能用手接触量块的测量面，防止生锈影响组合精度。使用完后，必须拆开组合的量块，再用航空汽油或苯洗净擦干，并涂上防锈油，然后装在盒子中。

二、游标量具

利用游标和尺身相互配合进行测量和读数的量具称游标量具。其结构简单，使用方便，维护保养容易，在机械加工中应用广泛。

1. 游标卡尺的结构形式和用途

常用的三种游标卡尺见表2-2。

表2-2　常用的三种游标卡尺

（单位：mm）

种类	结构图	用途	测量范围	分度值
三用卡尺 （Ⅰ型）	刀口内测量爪 尺身 尺框 制动螺钉 游标 深度尺 外测量爪	可测内、外尺寸，深度，孔距，环形壁厚，沟槽	0～125 0～150	0.02 0.05
双面卡尺 （Ⅲ型）	尺身 刀口外测量爪 尺框 游标 制动螺钉 内外测量爪 微动装置 b	可测内、外尺寸，孔距，环形壁厚，沟槽	0～200 0～300	0.02 0.05
单面卡尺 （Ⅳ型）	尺身 尺框 游标 制动螺钉 内外测量爪 微动装置 b	可测内、外尺寸，孔距	0～200 0～300	0.02 0.05
			0～500	0.02 0.05 0.1
			0～1000	0.05 0.1

2. 游标卡尺的刻线原理

游标卡尺的读数部分由尺身和游标组成。其原理是利用尺身标尺间距与游标标尺间距之差来进行小数读数。通常尺身刻度间距 a 为1mm，尺身（$n-1$）格的长度等于游标 n 格的长度（图2-2），则相应的游标刻度间距 $b=(n-1)\times a/n$，常用的 $n=10$，$n=20$，$n=50$ 三种，故 b 分别为0.90mm，0.95mm，0.98mm三种。而尺身标尺间距与游标标尺间距之差即游标分度值 $i=a-b$，此时 i 分别为0.10mm，0.05mm，0.02mm。

若尺身（$\gamma n-1$）格的长度等于游标 n 格的长度时，$b=(\gamma n-1)a/n$，式中 γ 称游标系数，一般取 $\gamma=1$ 或 $\gamma=2$。

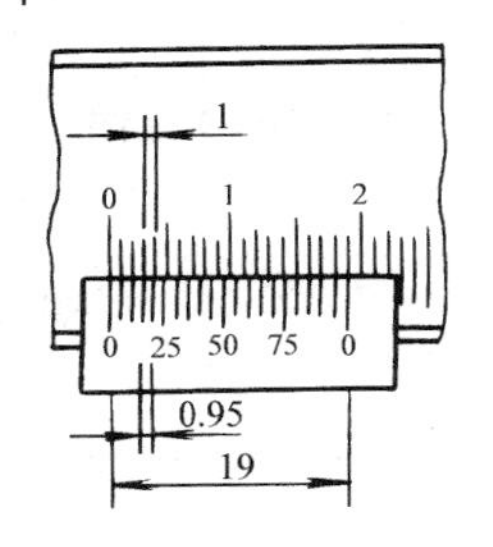

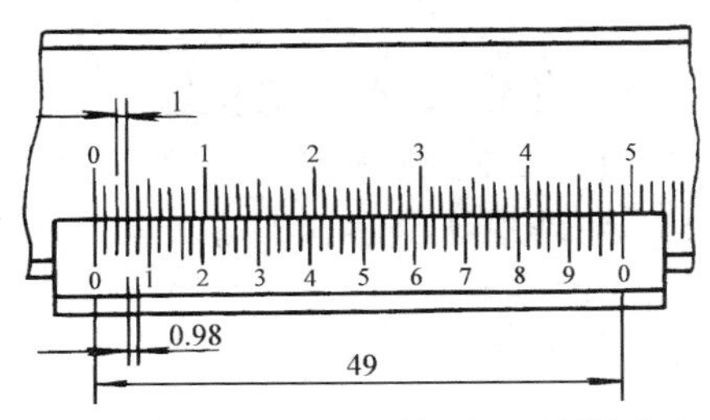

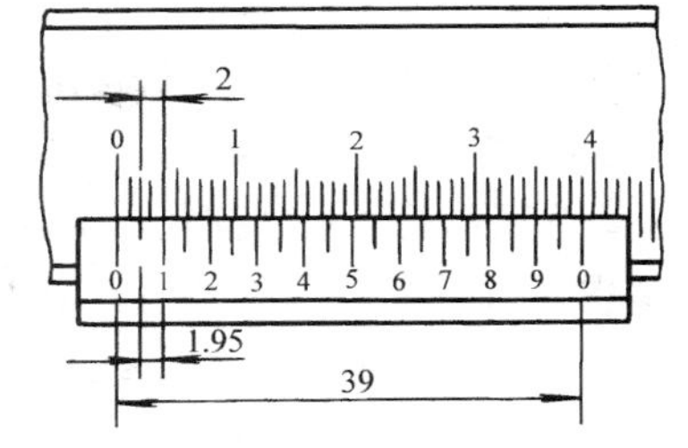

图 2-2　游标卡尺刻线原理

3. 游标卡尺的读数方法

（1）先读整数部分　游标零刻线是读数基准。游标零刻线所指示的尺身上左边刻线的数值，即为读数的整数部分。

（2）再读小数部分　判断游标零刻线右边是哪一条刻线与尺身刻线重合，将该线的序号乘游标分度值之后所得的积，即为读数的小数部分。

（3）求和　将读数的整数部分和小数部分相加，即为所求的读数。

各种游标卡尺的读数示例见表 2-3。

表 2-3　各种游标卡尺的读数示例　　（单位：mm）

游标分度值	图　　例	读　数　值
0.10		2.30
0.05		8.60
0.02		27.00
0.02		0.02

4. 游标卡尺的使用注意事项

1）使用前先把量爪和被测工件表面擦净，以免影响测量精度。

2）检查各部件的相互作用，如尺框和微动装置是否移动灵活，制动螺钉能否起作用。

3）校准零位。使卡尺两量爪合拢后，游标的零刻线与尺身零刻线是否对齐。如果没有对齐，一般应送计量部门检修，若仍要使用，需加修正值。

4）测量时要掌握好量爪与被测表面的接触压力，既不能太大，也不能太小。

5）测量时，要使量爪与被测表面处于正确位置。

6）读数时，卡尺应朝着光亮的方向，使视线尽可能垂直尺面。

7）应定期进行检查。

5. 游标卡尺的维护保养

1）禁止把游标卡尺的两个量爪当作扳手或划线工具使用，也不准用卡尺代替卡钳、卡板等在被测工件上推拉，以免卡尺磨损，影响测量精度。

2）游标卡尺受到损伤后，绝对不允许用锤子、锉刀等工具自行修理，应交专门修理部门修理，并经检定合格后才能使用。

3）不可在游标卡尺的刻线处打钢印或记号，否则将造成刻线不准确。必要时允许用电刻法或化学法刻蚀记号。

4）不可用砂布或普通磨料来擦除刻度尺表面的锈迹和污物。

5）游标卡尺不要放在磁场附近，以免卡尺感受磁性。

6）对于带深度尺的游标卡尺，用完后应将量爪合拢，否则较细的深度尺露在外边，容易变形，甚至折断。

7）用完游标卡尺后应平放，避免其变形；也不要将游标卡尺与其他工具一起堆放。使用完毕后，擦净并涂油，放置在专用盒内，防止弄脏或生锈。

6. 其他游标量具

其他游标量有游标深度卡尺、游标高度卡尺和游标齿厚卡尺（表2-4），其刻线原理基本同游标卡尺。为了减小测量误差，提高测量的准确度，有的卡尺还装有指示表和数显装置，成为带表卡尺和数显卡尺，如图 2-3 和图 2-4 所示。

表 2-4　其他游标量具

名　称	结　构　图	简　要　说　明
游标深度卡尺		用于测量孔、槽的深度，台阶的高度 使用时，将尺架贴紧工件的平面，再把尺身插到底部，即可从游标上读出测量尺寸
游标高度卡尺	A	用于测量工件的高度和进行划线的，更换不同的卡脚，可适应其需要 使用时，必须注意：在测量顶面到底面的距离时，应加上卡脚的厚度尺寸 A

（续）

名　称	结　构　图	简　要　说　明
游标齿厚卡尺		用于测量直齿、斜齿圆柱齿轮的固定弦齿厚。它由两把互相垂直的游标卡尺组成 使用时，先把垂直尺调到$\bar{h}_c$处的高度，然后使端面靠在齿顶上。移动水平卡尺游标，使卡脚轻轻与齿侧表面接触，这时水平尺上的读数，就是固定弦齿厚$\bar{s}_c$

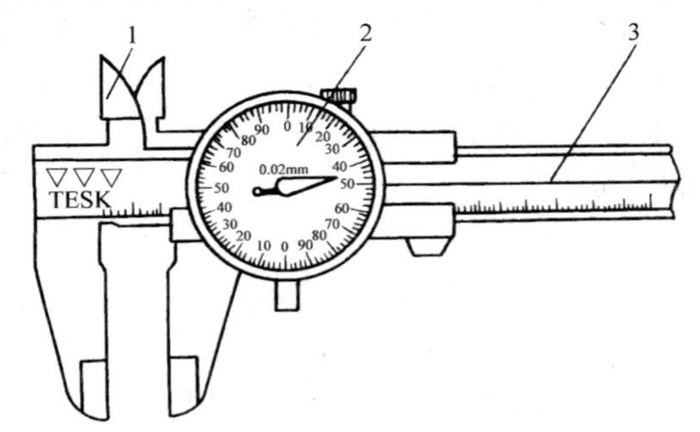

图 2-3　带表卡尺

1—量爪　2—指示表　3—毫米标尺

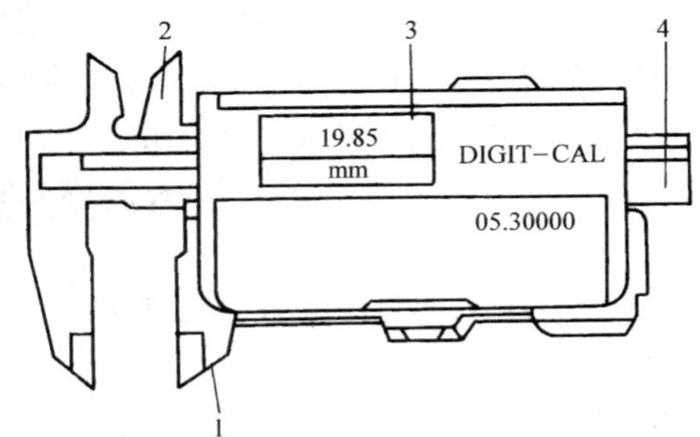

图 2-4　数显卡尺

1—下量爪　2—上量爪　3—游框显示机构　4—尺身

三、测微螺旋量具

测微螺旋量具是利用螺旋副原理，对尺架上两测量面间分隔的距离进行读数的外尺寸测量器具。它比游标量具测量精度高，使用方便，主要用于测量中等精度的零件。

1. 千分尺

（1）千分尺的结构　千分尺的结构如图 2-5 所示，它由尺架、测微螺杆、测力装置和锁紧装置等组成。

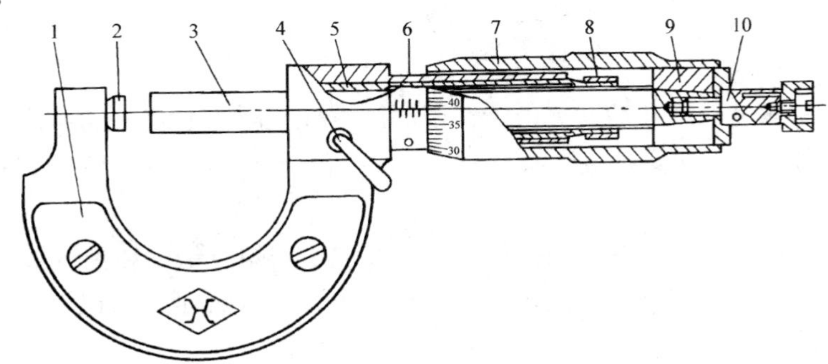

图 2-5　千分尺

1—尺架　2—测砧　3—测微螺杆　4—锁紧装置　5—螺纹轴套
6—固定套管　7—微分筒　8—螺母　9—接头　10—测力装置

尺架的两侧面上覆盖着绝热板，以防止使用时手的温度影响千分尺的测量精度。测微装置由固定套筒用螺钉固定在螺纹轴套上，并与尺架紧密结合成一体。测微螺杆的一端为测杆，它的中部外螺纹与螺纹轴套上的内螺纹精密配合，并可通过螺母调节其配合间隙；另一端的外圆锥与接头的内圆锥相配，并通过顶端的内螺纹与测力装置联接。当螺纹旋紧时，测力装置通过垫片紧压接头，而接头上开有轴向槽，能沿着测微螺杆上的外圆锥胀大，使微分筒与测微螺杆和测力装置结合在一起。当旋转测力装置时，就带动测微螺杆和微分筒一起旋转，并沿着精密螺纹的轴线方向运动，使两个测量面之间的距离发生变化。测力装置可控制测量力。锁紧装置用于固定测得的尺寸或需要的尺寸。

千分尺测微螺杆的移动量一般为 25mm，大型千分尺（测量范围超过 500mm）制成100mm。

（2）千分尺的读数原理　在千分尺的固定套管上刻有轴向中线，作为微分筒读数的基准线。在中线的两侧，刻有两排刻线，每排刻线间距为 1mm，上下两排相互错开 0.5mm。测微螺杆的螺距为 0.5mm，微分筒的外圆周上刻有 50 等分的刻度。当微分筒旋转 1 周（即 50 格）时，测微螺杆轴向移动 0.5mm，当微分筒旋转 1 格（即 1/50 转）时，测微螺杆轴向移动 0.5mm/50＝0.01mm。故千分尺的分度值为 0.01mm。

（3）千分尺的读数方法

1）先读整数部分。从微分筒锥面的左边缘在固定套管上露出来的刻线，读出被测工件的毫米整数或半毫米数。

2）再读小数部分。从微分筒找到与固定套管中线对齐的刻线，将此刻线数乘 0.01mm 就是被测量的小数部分（小于 0.5mm）。

3）求和。将整数部分和小数部分相加，即为被测工件的尺寸。

千分尺的读数示例如图 2-6 所示。

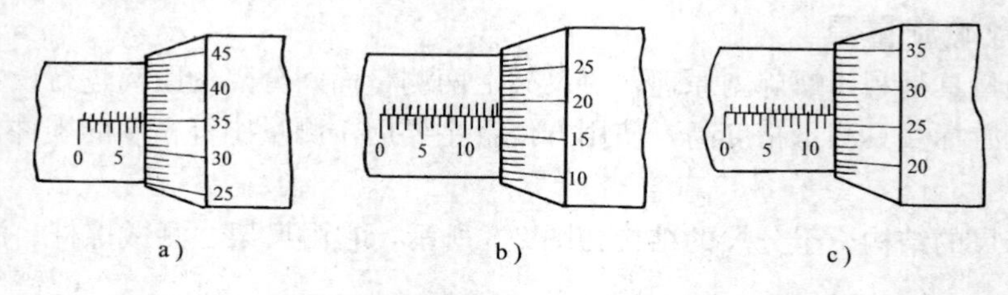

图 2-6　千分尺读数示例

a）8.35mm　b）14.68mm　c）12.765mm

（4）千分尺的测量范围和精度　由于精密测微螺杆在制造上有一定困难，所以一般移动量为 25mm。常用千分尺的测量范围有 0～25mm、25～50mm、50～75mm 等多种，最大可达 3000mm。

千分尺的制造精度主要由它的示值误差（主要取决于螺纹精度和刻线精度）和测量面的平行度误差决定。按制造精度的不同，千分尺分 0 级和 1 级两种，0 级精度较高。

（5）千分尺的使用注意事项

1）测量不同精度等级的工件，应选用不同精度的千分尺。

2）测量前应校准零位。对于测量范围为 0～25mm 的千分尺，校准零位时使两测量面接触，看微分筒上的零刻线是否与固定套管的中线对齐；对于测量范围为 25～50mm 的千

分尺，应在两测量面之间正确安放校准棒来校准零位。

3）测量时先用手转动微分筒，待测量面与被测表面接触时，再转动测力装置，使测微螺杆的测量面接触工件表面，听到 2～3 声“咔、咔”响声再读数，使用测力装置时应平稳地转动，用力不可过猛，以防测力急剧加大。

4）千分尺测量轴的中心线应与被测长度方向一致，不能歪斜。

5）不能将千分尺当卡规使用，以防止划坏千分尺的测量面。

6）读数时，当心错读 0.5mm 的小数。

（6）千分尺的维护保养

1）使用千分尺时不可测量粗糙工件表面，也不能测量正在旋转的工件。

2）千分尺要轻拿轻放，不得摔碰。如受到撞击，要立即进行检查，必要时应送计量部门检修。

3）不允许用砂布和金刚石擦拭测微螺杆上的污垢。

4）不能在千分尺的微分筒和固定套管之间加酒精、煤油、柴油、凡士林和普通机油等，也不允许将千分尺浸泡在上述油类及酒精中。如发现有上述物质浸入，要用汽油清洗，再涂上特种轻质润滑油。

5）千分尺要保持清洁。测量完后，用软布或棉纱等擦干净，放入盒中。长期不用的应涂防锈油。此时要注意勿使两测量面贴合在一起，以免锈蚀。

2. 其他测微螺旋量具（表 2-5）

表 2-5　其他测微螺旋量具

名称	结　构　图	简　要　说　明
两点内径千分尺	保护螺母	用于测量 50mm 以上的内径、槽宽和两个内表面之间的距离。读数方法与千分尺相同，但其刻线方向与千分尺的刻线方向相反。分度值为 0.01mm 为了扩大其测量范围，两点内径千分尺附有成套接长杆。连接时去掉保护螺母，把接长杆右端与两点内径千分尺左端旋合，可以连接几个接长杆，直到满足需要为止
深度千分尺	0 5 10 15 25 2 75~100　50~75　25~50　0~25	用于测量通孔、不通孔、阶梯孔和槽的深度，也可以测量台阶高度和平面之间的距离等。其结构、读数原理和读数方法与千分尺基本相同，只是用基准代替了尺架和固定测砧。分度值为 0.01mm 带有固定式测杆的深度千分尺，其测量范围为 0～25mm，25～50mm，50～75mm，75～100mm 四种尺寸；带有可换式测杆的深度千分尺，其测量范围为 0～100mm 和 0～150mm 两种

（续）

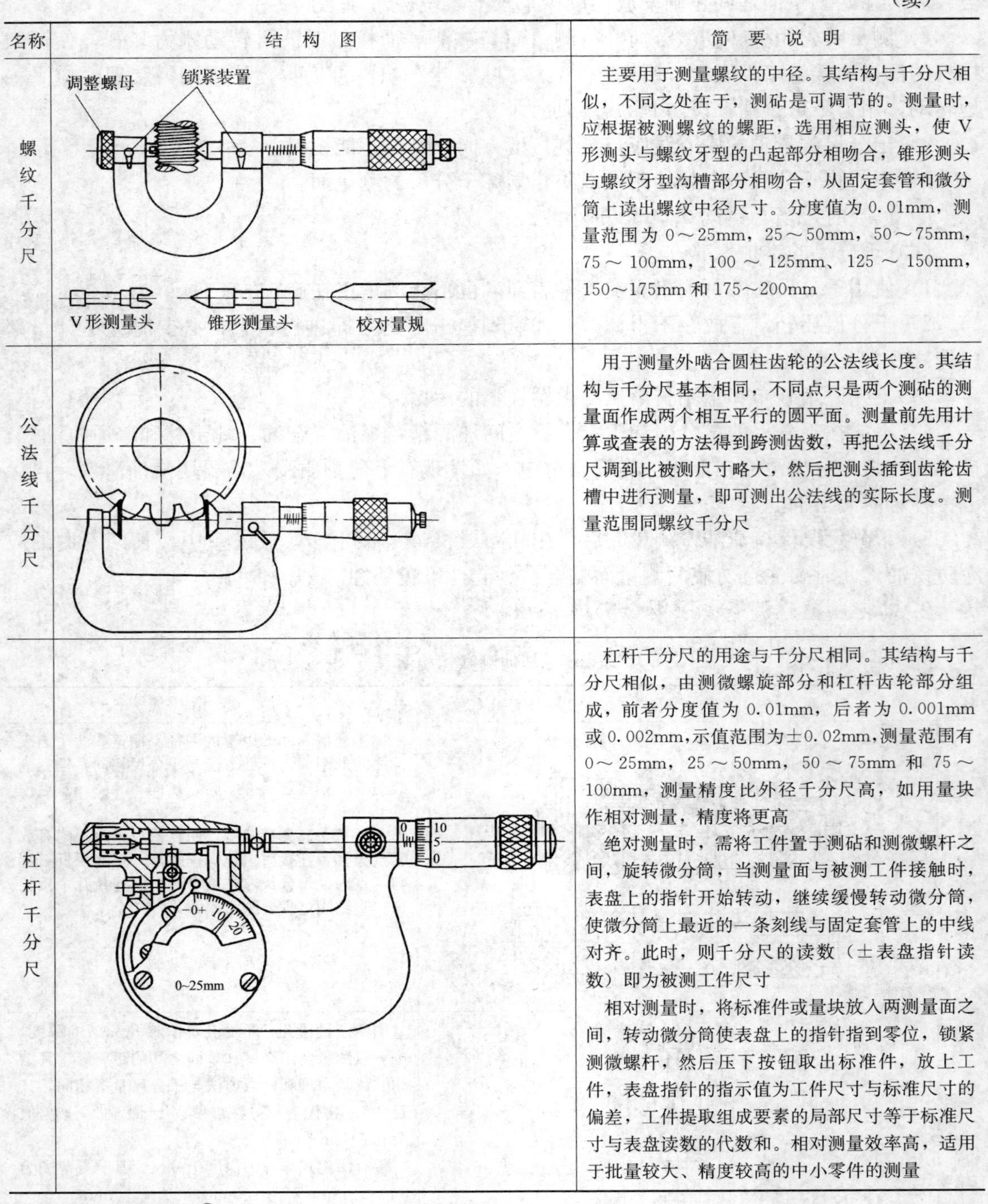

名称	结构图	简要说明
螺纹千分尺		主要用于测量螺纹的中径。其结构与千分尺相似，不同之处在于，测砧是可调节的。测量时，应根据被测螺纹的螺距，选用相应测头，使V形测头与螺纹牙型的凸起部分相吻合，锥形测头与螺纹牙型沟槽部分相吻合，从固定套管和微分筒上读出螺纹中径尺寸。分度值为0.01mm，测量范围为0～25mm，25～50mm，50～75mm，75～100mm，100～125mm、125～150mm，150～175mm和175～200mm
公法线千分尺		用于测量外啮合圆柱齿轮的公法线长度。其结构与千分尺基本相同，不同点只是两个测砧的测量面作成两个相互平行的圆平面。测量前先用计算或查表的方法得到跨测齿数，再把公法线千分尺调到比被测尺寸略大，然后把测头插到齿轮齿槽中进行测量，即可测出公法线的实际长度。测量范围同螺纹千分尺
杠杆千分尺		杠杆千分尺的用途与千分尺相同。其结构与千分尺相似，由测微螺旋部分和杠杆齿轮部分组成，前者分度值为0.01mm，后者为0.001mm或0.002mm，示值范围为±0.02mm，测量范围有0～25mm，25～50mm，50～75mm和75～100mm，测量精度比外径千分尺高，如用量块作相对测量，精度将更高 绝对测量时，需将工件置于测砧和测微螺杆之间，旋转微分筒，当测量面与被测工件接触时，表盘上的指针开始转动，继续缓慢转动微分筒，使微分筒上最近的一条刻线与固定套管上的中线对齐。此时，则千分尺的读数（±表盘指针读数）即为被测工件尺寸 相对测量时，将标准件或量块放入两测量面之间，转动微分筒使表盘上的指针指到零位，锁紧测微螺杆，然后压下按钮取出标准件，放上工件，表盘指针的指示值为工件尺寸与标准尺寸的偏差，工件提取组成要素的局部尺寸等于标准尺寸与表盘读数的代数和。相对测量效率高，适用于批量较大、精度较高的中小零件的测量

四、指示表㊀

指示表是借助杠杆、齿轮和齿条的传动，将测杆的微小位移经传动和放大机构转变为表盘上指针的角位移，从而指示出相应的数值。指示表体积小，结构简单，读数直观，工厂应

㊀ 若无特殊说明，本节提到的指示表均指分度值为0.01mm的指示表。

用得较为广泛。

1. 指示表

（1）指示表的结构　指示表的结构如图 2-7 所示。它由表体部分、传动部分和读数装置等组成。测量时，被测零件尺寸的变化引起测头的微小位移，经传动装置转变成读数装置中指针的转动，被测读数可从度盘上读出。

齿轮传动是有间隙的，为了消除齿轮传动系统中由齿侧间隙而引起的测量误差，在指示表内装有游丝 8，由此产生的扭转力矩作用在大齿轮 7 上，使大齿轮 7 和中间齿轮 3 紧密啮合，这样可以保证齿轮在正反转时都在齿的同一侧面啮合，因而可消除齿侧间隙的影响。大齿轮 7 的轴上装有小指针，以显示大指针的转数。弹簧用于控制指示表的测量力。

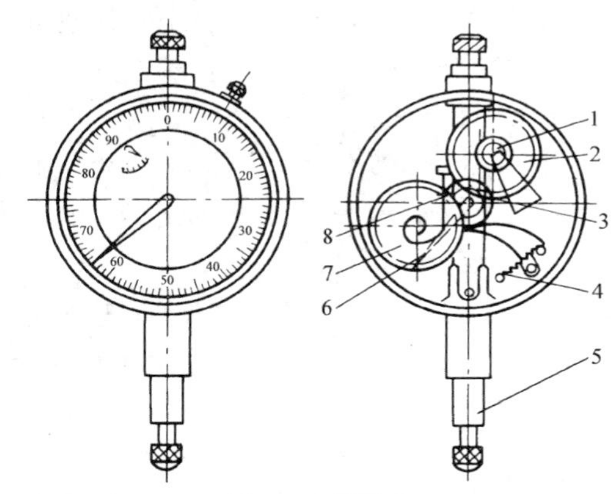

图 2-7　指示表
1—小齿轮　2、7—大齿轮　3—中间齿轮
4—弹簧　5—测杆　6—大指针　8—游丝

（2）指示表的工作原理　将测杆的直线位移，经过齿条与齿轮转动，转变为指针的角位移。

测量时，测杆移动 1mm，大指针沿度盘正好转过 1 周，而度盘上的圆周 100 等分。由此可知，当大指针转 1 格时，就相当于测杆移动 1mm/100＝0.01mm，所以指示表的分度值为 0.01mm。

（3）指示表的示值范围和精度　指示表的示值范围分为 0～3mm，0～5mm，0～10mm 等。

指示表的精度等级分为 0 级、1 级和 2 级。0 级精度最高，2 级精度最低。

（4）指示表的使用注意事项

1）测量前应检查表盘玻璃是否破裂或脱落，测头、测杆、轴套是否有碰伤或锈蚀，指针有无松动现象，指针的转动是否平稳。

2）指示表应牢固地装夹在表架上，夹紧力不宜过大，以免使装夹套筒变形卡住测杆，测杆移动应灵活。

3）测量时，应使测杆垂直被测表面，否则将产生测量误差。

4）测量圆柱形工件时，测杆的轴线要通过被测圆柱面的轴线。

5）在测头与被测表面开始接触时，测杆就应压缩 0.3～1mm，以保持一定的起始测量力，避免有负偏差时得不到测量数据。

6）测量时，要轻提测杆，移动工件至测头下面，再缓慢放下与被测表面接触，不能突然放下测杆，也不准将工件强行推入至测头下。

（5）指示表的用途　指示表不仅能用作相对测量，也能用作绝对测量。使用指示表座及专用夹具，可对长度尺寸进行相对测量：测量前，先用标准件或量块校准指示表，转动表圈，使表盘的零刻线对准指针；然后再测量工件，根据指示表中读出的工件尺寸相对标准件或量块的偏差值，再加上预调的标准尺寸即为被测工件尺寸。使用指示表及相应附件还可测量工件的几何误差，也可用于检验机床设备的几何精度或调整工件的装夹位置以及作为某些测量装置的测量元件。

（6）指示表的维护保养

1）提压测杆的次数不能过多，距离不要过大，以免损坏机件及加剧零件磨损。

2）测量时，测杆的行程不要超过它的示值范围，以免损坏表内零件。

3）应避免剧烈振动和碰撞，不要敲打表的任何部位，不要使测头突然撞击到被测零件。

4）不要拿测杆，测杆上不能压放其他东西，以免其弯曲变形。

5）表座要放稳，以免指示表落地摔坏。使用磁性表座时要注意表座的旋钮位置。

6）严防水、油、灰尘等进入表内，不允许随便拆卸表的后盖。

7）如果不是长期保管，测杆不准涂凡士林或其他油类，以免影响测杆移动的灵活性。

8）指示表使用完毕，要擦净放回盒内，让测杆处于自由状态，避免表内弹簧失效。

2. 杠杆指示表

（1）杠杆指示表的结构　杠杆指示表由壳体、传动机构和读数机构等构成。按照度盘位置与测杆运动方向的关系，可分为指针式杠杆指示表（图2-8）、电子数显杠杆指示表（图2-9）。

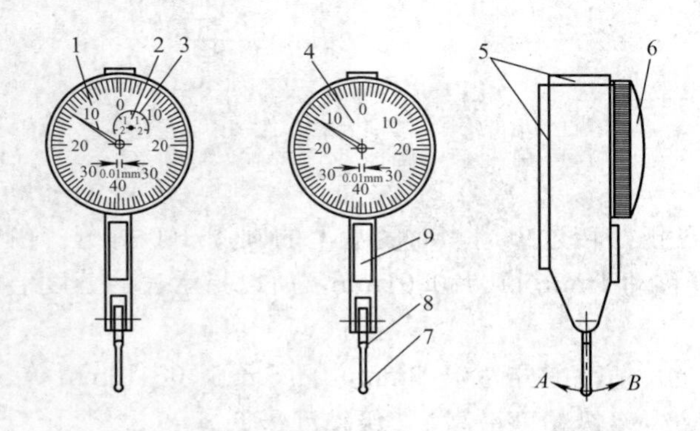

图2-8　指针式杠杆指示表的型式示意图

1—指针　2—转数指针　3—转数指示盘
4—度盘　5、9—燕尾　6—表蒙　7—杠杆测头　8—测杆

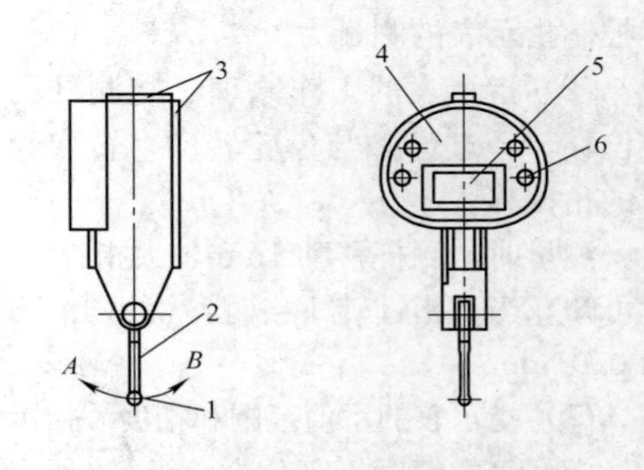

图2-9　电子数显杠杆指示表的型式示意图

1—杠杆测头　2—测杆　3—燕尾　4—电子显示屏
5—显示屏　6—功能键

（2）杠杆指示表工作原理　利用杠杆与齿轮传动机构或杠杆与螺旋传动机构，将尺寸的变化转变为指针角位移，其传动原理如图2-10所示。杠杆指示表的度盘是对称刻度（通常为80格），分度值为0.01mm，示值范围一般为±0.4mm。

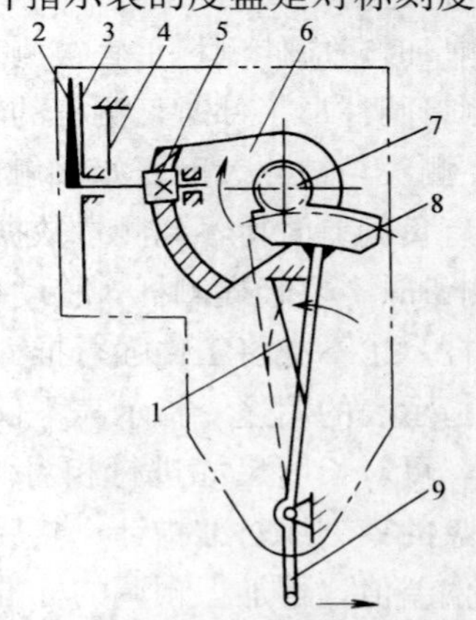

图2-10　杠杆指示表转动机构原理

1—弹簧钢丝　2—指针　3—表盘　4—游丝
5、7—轴齿轮　6—端面齿轮　8—扇形齿轮　9—测杆

（3）杠杆指示表的用途　杠杆指示表体积小，杠杆测头的位移方向可以改变，因而使用方便。其用途通常与指示表相同，尤其是受空间限制用指示表放不进去或测杆无法垂直于被测表面时，使用杠杆指示表就显得尤为方便。

（4）杠杆指示表的使用注意事项　杠杆指示表的使用维护保养方法与指示表有许多共同之处，但需要注意以下几点：

1）使用前，应检查球形测头，如果已被

磨出平面，不应再继续使用。

2）杠杆指示表测杆能在正反方向上工作。根据测量方向的要求，应把换向器扳到需要的位置。

3）使测杆处于正确位置，即测杆轴线与被测零件尺寸变化方向垂直。

3. 内径指示表

（1）内径指示表的用途　内径指示表用于相对法测量孔径、槽宽及其几何形状误差。

（2）内径指示表的结构形式及传动原理　内径指示表由指示表和专用表座组成。带定位护桥内径指示表如图 2-11 所示，传动原理如图 2-12 所示。测量时，活动测头的移动使杠杆回转，并通过传动杆推动指示表的测杆移动，于是指示表指针回转。由于杠杆是等臂的，即杠杆传动机构的传动比为 1，因此指示表测杆、传动杆及活动测头三者的移动量是相同的。所以，活动测头的移动量可以在指示表上读出来。定位护桥的作用是找正直径位置，即保证活动测头与可换测头的轴线处于被测孔直径位置。因内径指示表活动测头的移动量很小，故测量范围是通过更换或调整可换测头的长度达到的。

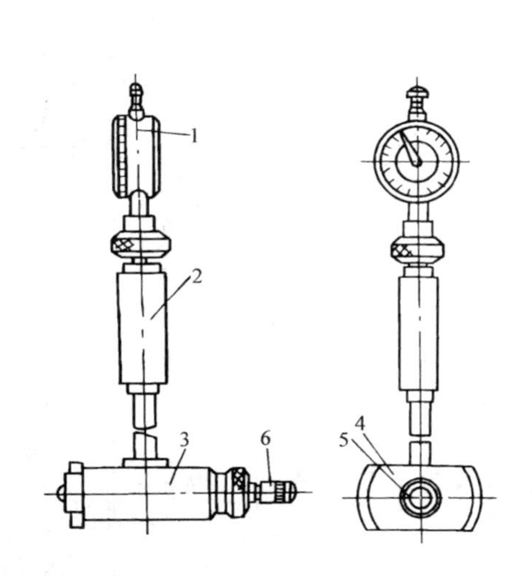

图 2-11　带定位护桥的内径指示表

1—指示表　2—手柄　3—主体

4—定位护桥　5—活动测头　6—可换测头

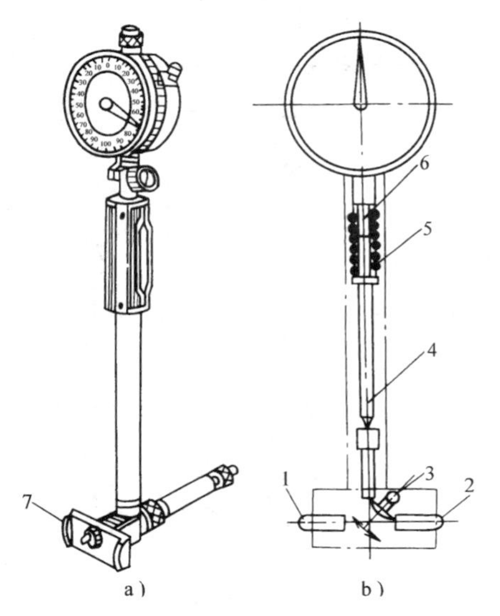

图 2-12　内径指示表传动原理

1—可换测头　2—活动测头　3—杠杆

4—传动杆　5—弹簧　6—指示表测杆　7—定位护桥

内径指示表的分度值为 0.01mm，其测量范围有 6～10mm，10～18mm，18～50mm 和 50～450mm 等。

内径指示表的使用维护保养基本同指示表。

◇◇◇ 第三节　测量角度的常用计量器具

一、直角尺

1. 直角尺的结构

常用直角尺的外形如图 2-13 所示，其尺寸和精度等级见表 2-6。

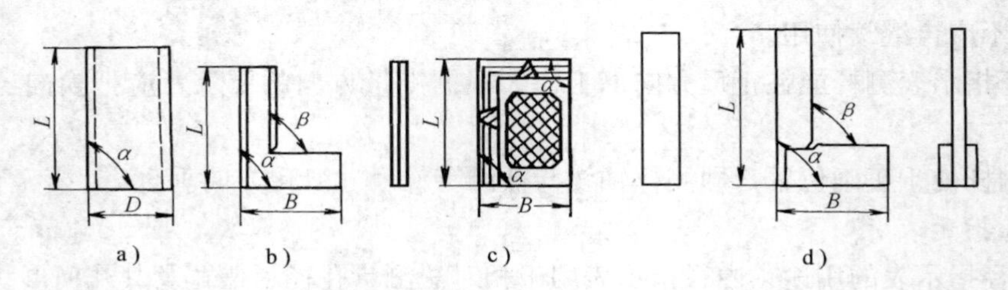

图 2-13　直角尺
a）圆柱直角尺　b）刀口形直角尺　c）刀口矩形直角尺　d）宽座直角尺

2. 直角尺的用途

直角尺主要用于检验 90°外角或内角，测量垂直度和平行度误差，检查机床仪器的精度和划线。

00 级、0 级直角尺用于检验精密仪器的垂直度误差，也用于检定 1 级或 2 级直角尺。1 级直角尺用于检验精密工件，2 级直角尺用于检验一般工件。

3. 使用直角尺的注意事项

表 2-6　直角尺的尺寸和精度等级

直角尺名称	精度等级	尺寸/mm	
		H	*D*
圆柱直角尺	00 级和 0 级	200	80
		315	100
		500	125
		800	160
		1250	200
		尺寸/mm	
		L	*B*
刀口形直角尺	0 级和 1 级	50	32
		63	40
		80	50
		100	63
		125	80
		160	100
		200	125
		尺寸/mm	
		H	*L*
刀口矩形直角尺	00 级和 0 级	63	40
		125	80
		200	125

直角尺名称	精度等级	尺寸/mm	
		L	*B*
宽座直角尺	0 级、1 级和 2 级	63	40
		80	50
		100	63
		125	80
		160	100
		200	125
		250	160
		315	200
		400	250
		500	315
		630	400
		800	500
		1000	630
		1250	800
		1600	1000

1）测量前应将直角尺工作面和被测零件表面擦净，去毛刺。

2）测量时将被测零件和直角尺同时置于检验平板上，使直角尺长边工作面与被测工件轻轻相靠，可用光隙法或用塞尺试塞方法，测量出被测零件的垂直度误差。

3）使用宽座直角尺，要握住直角尺的短边来搬动，以免长边与短边相接触的地方产生松动。

4）直角尺是一种比较精密的量具，使用过程中应避免磕碰。

5）测量时，应注意使直角尺的非工作面与被测表面保持垂直，不能倾斜。

6）使用完后，应清洗、擦净、涂油。

二、游标万能角度尺

1. 游标万能角度尺的结构形式

游标万能角度尺主要用于测量各种零件的内外角度。按其尺身的形状可分为扇形（Ⅰ型）和圆形（Ⅱ型）两种。Ⅰ型的测量范围为0°～320°，Ⅱ型的测量范围为0°～360°。

（1）Ⅰ型游标万能角度尺　Ⅰ型游标万能角度尺的结构如图2-14所示。游标尺固定在扇形板上，基尺和主尺连成一体。扇形板可以与主尺作相对回转运动，形成和游标卡尺相似的读数机构。用卡块可将直角尺或直尺固定在扇形板上，也可将直尺直接固定在直角尺上。测量时可转动捏手，通过小齿轮来转动扇形齿轮，使主尺相对扇形板产生转动，从而改变基尺与直角尺或直尺间的夹角，以满足各种不同情况被测量的需要。制动器可将扇形板固定在主尺的任何一个位置，便于读数。

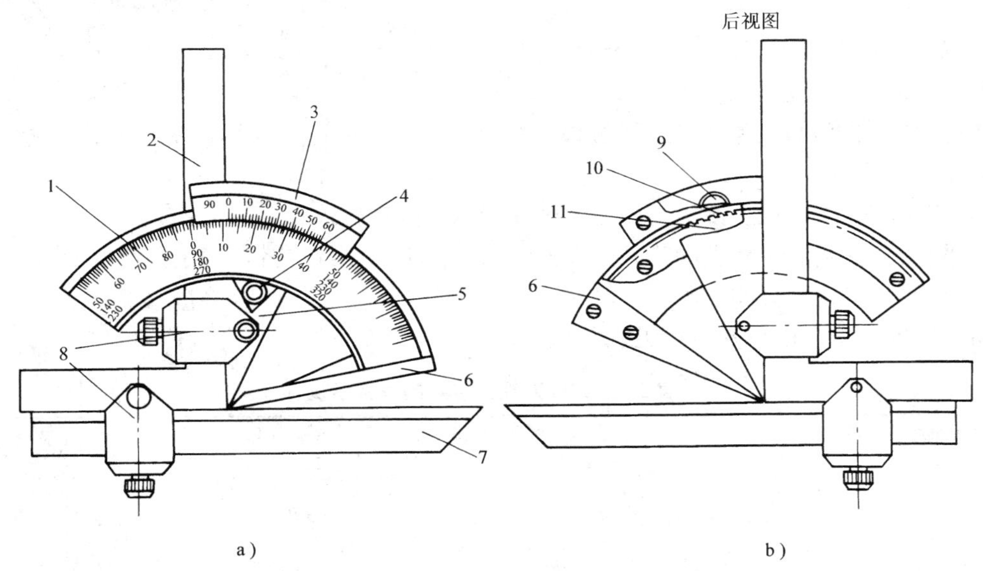

图2-14　Ⅰ型游标万能角度尺
a）正面　b）背面
1—主尺　2—直角尺　3—游标尺　4—制动器　5—扇形板
6—基尺　7—直尺　8—卡块　9—捏手　10—小齿轮　11—扇形齿轮

（2）Ⅱ型游标万能角度尺　Ⅱ型游标万能角度尺的结构如图2-15所示。小圆盘上刻有游标分度，边缘带有基尺。利用卡块可将直尺固定在小圆盘上，并使直尺随游标一起转动。测量时，可用制动器将直尺紧固在尺身上，以便从被测工件上取下角度尺进行读数。

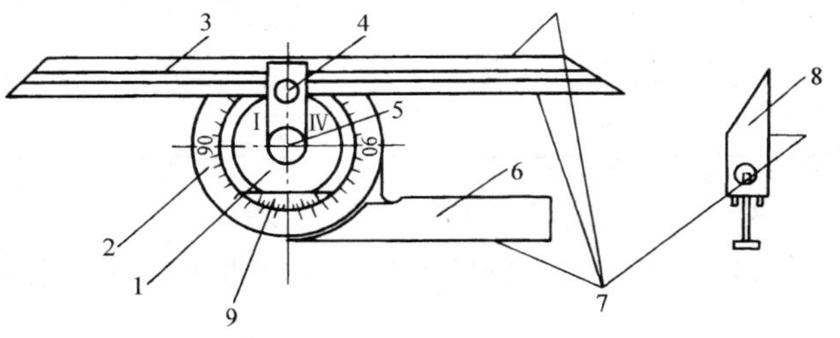

图2-15　Ⅱ型游标万能角度尺
1—小圆盘　2—主尺　3—直尺　4—卡块　5—制动器
6—基尺　7—测量面　8—附加量尺　9—游标

2. 游标万能角度尺的刻线原理

游标万能角度尺的刻线原理与游标量具相同，也是利用尺身标尺间距与游标标尺间距之差进行小数读数的。按其游标分度值不同可分为2′和5′两种。

（1）2′游标万能角度尺　游标万能角度尺的尺身刻线每格为1°，游标标尺将对应于主尺29格的一段弧长等分30格，如图2-16所示，则

游标每格$=29°/30=60'\times29/30=58'$

尺身1格与游标1格之差为

分度值$i=1°-58'=2'$

所以该游标万能角度尺的分度值为2′。

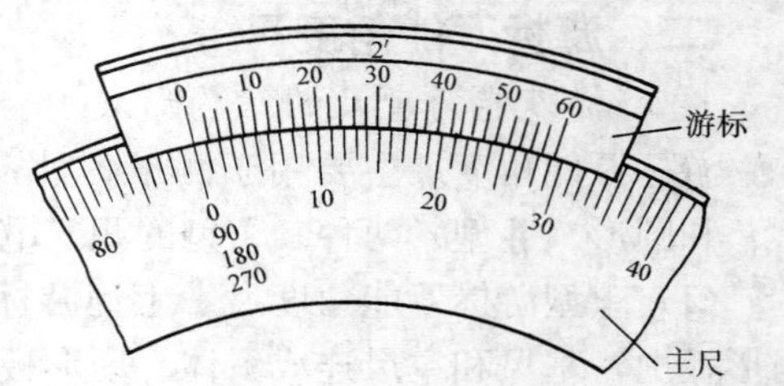

图2-16　2′游标万能角度尺

（2）5′游标万能角度尺　游标万能角度尺的主尺刻线每格为1°，游标标尺将对应于主尺23格的一段弧长等分12格，如图2-17所示，则

游标每格$=23°/12=60'\times23/12=115'$

主尺2格与游标1格之差为

分度值$i=2\times1°-115'=5'$

所以该游标万能角度尺的分度值为5′。

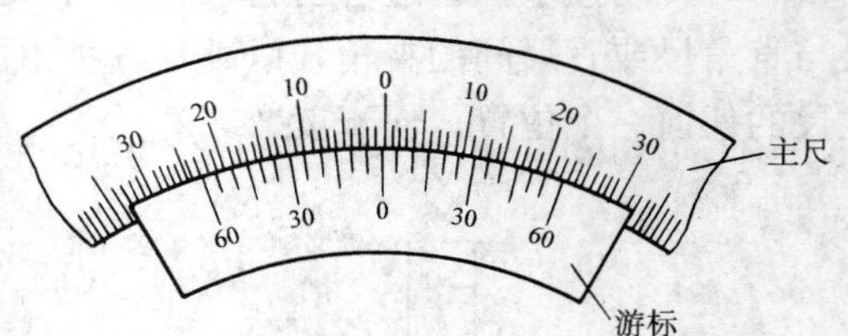

图2-17　5′游标万能角度尺

3. *游标万能角度尺的读数方法*

游标万能角度尺的读数方法和游标卡尺相似，也分三步：

1）先读度。从主尺上读出游标零刻度线指示的整度数。

2）再读分。判断游标上的第几格的刻线与尺身上的刻线对齐，确定角度的分数。

3）求和。将度和分相加。

游标万能角度尺的读数示例见表2-7。

表2-7　游标万能角度尺的读数示例

游标分度值 i	读数示例	读数值
2′		69°42′ 34°8′
5′		6°20′

4. *游标万能角度尺的使用方法*

1）使用前，将游标万能角度尺的各测量面擦净。

2）检查游标万能角度尺的零位是否正确。

3）根据被测角度选用游标万能角度尺的测量尺。表2-8所示为Ⅰ型游标万能角度尺的测量角度和安装方法。

教育部职业教育与成人教育司推荐教材配套用书
中等职业学校机械专业教学用书

公差与配合习题集

第2版

中国机械工业教育协会
全国职业培训教学工作指导委员会　组编
机电专业委员会

何兆凤　编

机 械 工 业 出 版 社

目　　录

第一章　极限与配合

一、填空题

1. 在制造业中，互换性是指制成的同一规格的一批零件或部件，不需作任何______、______或______________，就能进行装配，并能满足机械产品的使用性能要求的一种特性。

2. 零、部件具有互换性，应同时具备两个条件：（1）__________________________就能进行装配；（2）装配以后能满足__________________。

3. 零件的几何量误差主要包括__________________、__________________、______________和______________________等。

4. 互换性按其程度和范围的不同，可分为____________________________与______________________两种。其中__________互换性在生产中得到广泛应用。

5. 分组装配法属于______互换性。

6. 孔通常指工件的圆柱形_________________，也包括__________________________________。

7. 轴通常指工件的圆柱形_________________，也包括__________________________________。

8. 以加工形成的结果区分孔和轴：在切削过程中尺寸由大变小的为____，尺寸由小变大的为____。

9. 尺寸由________和________两部分组成。

10. 公称尺寸的大小是设计者根据零件的使用要求，通过______________、______________或_____________的方法确定的。

11. 一切________________上对应点之间的距离称为________，它是通过测量获得的尺寸。由于测量误差的存在，提取组成要素的局部尺寸并非被测尺寸的________。

12. 尺寸要素允许的尺寸的两个极端称为______尺寸。

13. 某一尺寸减其____________所得的代数差称为偏差，根据某一尺寸的不同，它可分为____偏差和____偏差两种，而____________又有______极限偏差和______极限偏差之分。

14. 零件的尺寸合格时，其提取组成要素的局部尺寸应在______________________________和__________________之间，其____________在上极限偏差和下极限偏差之间。

15. 标注极限偏差时，上极限偏差应注在公称尺寸的________，下极限偏差注在公称尺寸的________，且上极限偏差必须大于下极限偏差。

16. 在零件图中注写极限偏差时，上、下极限偏差小数点必须__________，小数点后的位数也必须______，零偏差也必须标注在相应的位置上，不可省略。

17. 孔的上极限偏差用符号____表示，轴的下极限偏差用符号____表示。

18. 尺寸公差在数值上等于____________________减____________________之差，它是尺寸允许的__________，因而用__________定义。

19. 当上极限尺寸等于公称尺寸时，其____极限偏差等于零；当零件的提取组成要素的局部尺寸等于其公称尺寸时，其_____偏差等于零。

20. 在极限与配合图解中，表示____________的一条直线称为零线，在此线以上的偏差为____，在此线以下的偏差为____。

21. 确定公差带的两个要素分别是____________和______________。前者由__________确定，后者由__________确定。

22. ______尺寸相同的，相互结合的孔与轴______________之间的关系称为配合。

23. 按孔和轴的公差带相对位置关系不同，配合可分为____________配合、________配合和________配合三种。若孔的公差带在轴的公差带之上时为________配合，孔、轴公差带相互交叠时为________配合，孔的公差带在轴的公差带之下时为________配合。

24. 配合公差为组成配合的____公差和______公差之和，它是允许______或________的变动量。

25. 配合精度的高低是由相互结合的____和____的精度决定的。

26. 配合公差和尺寸公差一样，其数值不可能为____。

27. 配合公差是对配合的________程度给出的允许值。配合公差越大，则配合时形成的间隙或过盈可能出现的差别越______，配合的精度越______。

28. 标准公差是指标准极限与配合制中表列的用以确定__________________的任一公差，其数值与两个因素有关，它们是__________________________和__________________________。

29. 同一公差等级对所有公称尺寸的一组公差被认为具有______的精确程度，但却有____的公差数值。

30. 标准共设置了________个标准公差等级，其中________级精度最高，________级精度最低。

31. 在公称尺寸相同的情况下，标准公差等级越高，标准公差数值越________。

32. 在标准公差等级相同的情况下，不同的尺寸段，公称尺寸越大，标准公差数值越____。

33. 在同一尺寸段内，尽管公称尺寸不同，但只要标准公差等级相同，其标准公差数值就________。

34. 标准公差等级 IT01 与 IT10 相比，________的精确程度较低。

35. 基本偏差一般指靠近__________的那个偏差，它确定了____________的位置。

36. 基本偏差代号用______________表示。孔和轴各有________个基本偏差代号。

37. $\phi45^{+0.039}_{0}$mm 的基本偏差数值为________，$\phi50^{-0.050}_{-0.112}$mm 的基本偏差数值为________。

38. 配合制有________制和__________制两种。

39. 基孔制是基本偏差为________的孔的公差带与________基本偏差的轴的公差带形成各种配合的一种制度。

40. 基孔制配合中的孔称为__________。其基本偏差为______极限偏差，代号为______，数值为____；其另一极限偏差为______极限偏差。

41. 基轴制配合中的轴称为__________。其基本偏差为____极限偏差，代号为______，数值为____；其另一极限偏差为____极限偏差。

42. 基准孔的____________________尺寸等于其公称尺寸，而基准轴的______________尺寸等于其公称尺寸。

43. 孔、轴的公差带代号由_____________代号和________________数字组成。

44. 配合代号用分数形式表示，分子为________________________，分母为__________________________。

45. $\phi8$m5 表示：公称尺寸为______ mm，基本偏差是____，标准公差等级为______级的基____制__________配合的轴。

46. $\phi30$F6/h5 表示：公称尺寸为______ mm，基本偏差：孔是____、轴是______；标准公差等级：孔为______级、轴为______级的基______制的______配合。

47. $\phi45^{+0.039}_{0}$mm 的孔与 $\phi45^{+0.034}_{+0.009}$mm 的轴组成________制的________配合。

48. 基准孔与基准轴的配合，其配合种类为________配合，配合的最小间隙为____。

49. 线性尺寸的一般公差规定了四个等级，即__________、__________、__________和__________。

50. 选择配合制的原则：在一般情况下优先采用__________，其次采用__________，如有特殊需要允许采用____________。

51. 滚动轴承内圈与轴的配合采用________制，滚动轴承外圈与孔的配合采用________制。

52. 选用标准公差等级的原则是：在__________使用要求的条件下，尽量选取______的标准公差等级。

二、判断题（“√”表示正确，“×”表示错误，填在题末的括号内）

1. 完全互换性的零、部件装配的效率一定高于不完全互换性。（　）

2. 为了使零件具有互换性，必须使各零件的几何尺寸完全一致。（　）

3. 为使零件的几何参数具有互换性，必须把零件的加工误差控制在给定的公差范围内。（　）

4. 尺寸公差等于上极限尺寸减下极限尺寸之代数差的绝对值，也等于上极限偏差与下极限偏差之代数差的绝对值。（　）

5. 公称尺寸是设计时确定的尺寸，因而零件的提取组成要素的局部尺寸越接近公称尺寸，其加工误差就越小。（　）

6. 零件的提取组成要素的局部尺寸就是零件的真实尺寸。（　）

7. 某一零件的提取组成要素的局部尺寸正好等于公称尺寸，则该尺寸必然合格。（　）

8. 零件的提取组成要素的局部尺寸位于所给定的两个极限尺寸之间，则零件的该尺寸为合格。（　）

9. 偏差是某一尺寸减其公称尺寸所得的代数差，因而它可以为正值、负值或零。（　）

10. 某尺寸的上极限偏差一定大于下极限偏差。（　）

11. 凡内表面皆为孔，凡外表面皆为轴。（　）

12. 相互配合的孔和轴，其公称尺寸必须相同。（　）

13. 只要孔和轴装配在一起，就必然形成配合。（　）

14. 间隙配合中，孔的公差带在轴的公差带之上，因此孔的公差带一定在零线以上，轴的公差带一定在零线以下。（　）

15. EI≥es 的孔、轴配合是间隙配合。（　）

16. 凡在配合中可能出现间隙的，其配合性质一定是属于间隙配合。（　）

17. 孔和轴的加工精度越高，则其配合精度也越高。（　）

18. 标准公差数值与两个因素有关，即标准公差等级和基本尺寸分段。（　）

19. 不论公差数值是否相等，只要公差等级相同，则尺寸的精度就相同。（　）

20. 公差等级的数字越大，则尺寸精确度越高。（　）

21. 在同一尺寸段内，公差等级数字越小，则标准公差数值越小。（　）

22. 基准孔的上极限偏差大于零。（　）

23. 基准轴下极限偏差的绝对值等于其尺寸公差。（　　）

24. 基孔制是先加工孔，后加工轴以获得所需配合的制度。（　　）

25. 一般情况下，应优先采用基轴制。（　　）

26. 选用公差带时，应按常用、优先、一般公差带的顺序选取。（　　）

27. 一般公差是指在车间通常加工条件下可保证的公差，它主要用于低精度的非配合尺寸。（　　）

28. 未注公差尺寸是指在图样上只标注公称尺寸，不存在极限偏差的尺寸。（　　）

29. 国标规定极限与配合的标准温度是 20℃，因此使用条件偏离标准温度，应予以修正。（　　）

30. 一般情况下，优先选用基孔制主要是从加工和检验的工艺性方面来考虑的。（　　）

31. 采用基孔制配合一定比采用基轴制配合的加工经济性好。（　　）

三、选择题（将正确答案的序号填写在括号内）

1. 具有互换性的零件应是（　　）。

A. 相同规格的零件　　B. 不同规格的零件

C. 相互配合的零件　　D. 形状和尺寸完全相同的零件

2. 某种零件在装配时需要进行修配，则此种零件（　　）。

A. 有完全互换性　　B. 具有不完全互换性

C. 不具有互换性　　D. 无法确定其是否具有互换性

3. 对公称尺寸进行标准化是为了（　　）。

A. 简化设计过程　　B. 便于设计时的计算

C. 方便尺寸的测量　　D. 简化定值刀具、量具等的规格和数量

4. 上极限尺寸（　　）公称尺寸。

A. 大于　　B. 小于

C. 等于　　D. 大于、小于或等于

5. 下极限尺寸减其公称尺寸所得的代数差为（　　）。

A. 上极限偏差　　B. 下极限偏差

C. 实际偏差　　D. 基本偏差

6. 极限偏差是（　　）。

A. 加工后测量得到的　　B. 设计时确定的

C. 上极限尺寸与下极限尺寸之差

D. 极限尺寸减其公称尺寸所得的代数差

7. 当上极限偏差或下极限偏差为零时，在图样上（　　）。

A. 必须标出零值　　B. 不能标出零值

C. 标或不标零值皆可　　D. 视具体情况而定

8. 关于尺寸公差，下列说法中正确的是（　　）。

A. 尺寸公差只能大于零，故公差值前应标“+”号

B. 尺寸公差是用绝对值定义的，没有正、负的含义，故公差值前不应标“+”号

C. 尺寸公差不能为负值，但可为零值

D. 尺寸公差为允许尺寸变动范围的界限值

9. 当孔的上极限偏差小于轴的下极限偏差时，此配合的性质是（　　）。

A. 间隙配合　　B. 过渡配合

C. 过盈配合　　D. 无法确定

10. 关于配合公差，下列说法中错误的是（　　）。

A. 配合公差反映了配合的松紧程度

B. 配合公差是对配合松紧变动程度所给定的允许值

C. 配合公差等于相互配合的孔公差与轴公差之和

D. 配合公差等于极限盈隙的代数差的绝对值

11. 确定尺寸精确程度的公差等级共有（　　）。

A. 12　　B. 14

C. 18　　D. 20

12. 基本偏差是（　　）。

A. 上极限偏差　　B. 下极限偏差

C. 实际偏差　　D. 上极限偏差或下极限偏差

13. 公差带的大小由（　　）确定。

A. 基本偏差　　B. 标准公差等级

C. 公称尺寸　　D. 标准公差数值

14. 确定不在同一尺寸段的两尺寸的精确程度，是根据（　　）。

A. 两个尺寸的公差数值的大小　　B. 两个尺寸的基本偏差

C. 两个尺寸的公差等级　　D. 两个尺寸的实际偏差

15. 国家标准规定优先选用基孔制配合是（　　）。

A. 因为孔比轴难加工

B. 为了减少孔和轴的公差带数量

C. 为了减少定尺寸孔用刀、量具的规格和数量

D. 因为从工艺上讲，应先加工孔，后加工轴

16. 孔、轴公差带的相对位置反映（　　）程度。

A. 加工难易　　B. 配合松紧

C. 尺寸精确　　D. 公差大小

17. 采用基孔制，用于相对运动的各种间隙配合时，轴的基本偏差应为（　　）。

A. a～h　　B. h～r

C. s～z　　D. a～u

四、简答题

1. 尺寸公差与极限偏差之间有何关系？（写出计算关系式）

2. 配合分哪几类？各是如何定义的？各类配合中，孔、轴的公差带相互位置怎样？

3. 什么叫配合公差？试写出三种配合性质的配合公差的计算公式。

4. 分析图 1-1 所示零件中哪些是孔类尺寸，哪些是轴类尺寸？

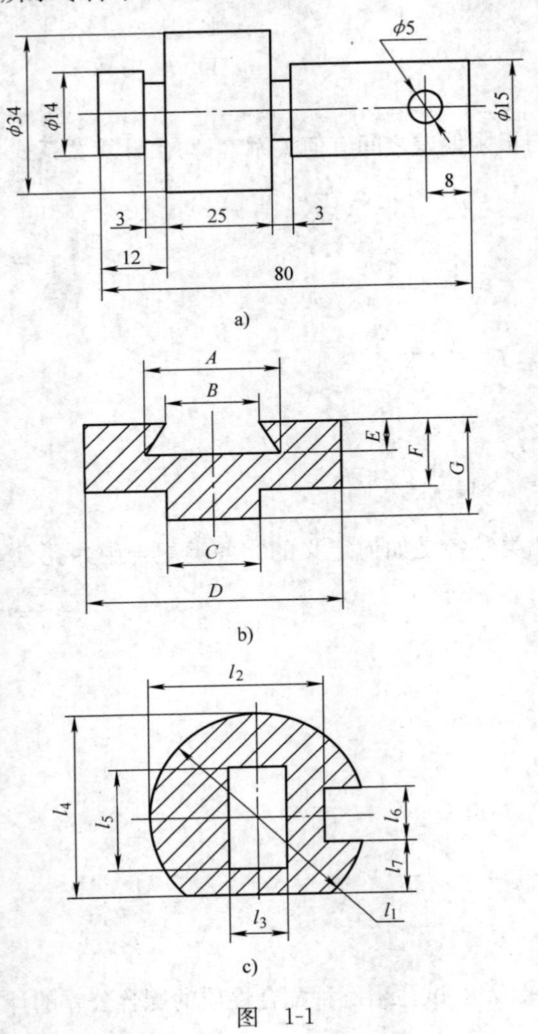

图 1-1

5. 标注尺寸公差时可采用哪几种形式？请举例说明。

6. 采用线性尺寸一般公差有什么好处？

7. 为什么一般情况下优先采用基孔制？

8. 说明下列公差带代号和配合代号的含义。

（1） ϕ50f7

（2） ϕ25m6

（3） ϕ80D9

（4） ϕ15K7

（5） ϕ30H7/s6

（6） ϕ200G6/h5

五、综合题

1. 根据表 1-1 中的数值，填写各空格处的内容。

表 1-1 （单位：mm）

公称尺寸	配合件	极限尺寸		极限偏差		公称尺寸与极限偏差标注	公差 T
		上极限尺寸	下极限尺寸	ES（es）	EI（ei）		
ϕ20	孔	ϕ20.033	ϕ20				
	轴	ϕ19.980	ϕ19.959				
ϕ40	孔	ϕ40.025	ϕ40				
	轴	ϕ40.033	ϕ40.017				
ϕ60	孔	ϕ59.979	ϕ59.949				
	轴	ϕ60	ϕ59.981				

2. 计算出表 1-2 中各空格处的数值，并按规定填写在表中。

表 1-2 （单位：mm）

公称尺寸	上极限尺寸	下极限尺寸	上极限偏差	下极限偏差	公差	尺寸标注
轴 $\phi 40$	$\phi 40.105$	$\phi 40.080$				
孔 $\phi 18$			+0.093		0.043	
孔 $\phi 50$		$\phi 49.958$			0.025	
轴 $\phi 60$			−0.041	−0.087		
孔 $\phi 60$				−0.021	0.030	
孔 $\phi 70$						$\phi 70^{+0.018}_{-0.012}$
轴 $\phi 100$	$\phi 100$				0.054	

3. 计算下列孔和轴的极限尺寸和公差，并分别绘出尺寸公差带图。

（1）孔 $\phi 50^{+0.039}_{0}$ mm

（2）轴 $\phi 60^{-0.060}_{-0.134}$ mm

（3）孔 $\phi 100^{+0.006}_{-0.048}$ mm

（4）轴 $\phi160\text{mm}\pm0.080\text{mm}$

4. 用比例 500：1 绘制公差带图，通过公差带图确定配合性质，在公差带图上标出极限过盈、间隙值，并计算其数值。

（1）孔 $\phi50^{+0.039}_{0}\text{mm}$ 与轴 $\phi50^{-0.025}_{-0.050}\text{mm}$ 相配合

（2）孔 $\phi250^{+0.013}_{-0.033}\text{mm}$ 与轴 $\phi250^{0}_{-0.029}\text{mm}$ 相配合

（3）孔 $\phi10^{+0.015}_{0}\text{mm}$ 与轴 $\phi10^{+0.037}_{+0.028}\text{mm}$ 相配合

5. 计算下列各组配合的极限过盈、间隙及配合公差。

（1）孔 $\phi55^{+0.030}_{0}$mm，轴 $\phi55^{-0.030}_{-0.049}$mm

（2）孔 $\phi80^{+0.030}_{0}$mm，轴 $\phi80^{+0.039}_{+0.020}$mm

（3）孔 $\phi90^{+0.054}_{0}$mm，轴 $\phi90^{+0.145}_{+0.091}$mm

（4）孔 $\phi105^{+0.108}_{+0.054}$mm，轴 $\phi105^{0}_{-0.054}$mm

6. 分析图 1-2 中孔、轴配合属于哪一种配合制及哪一类配合性质。

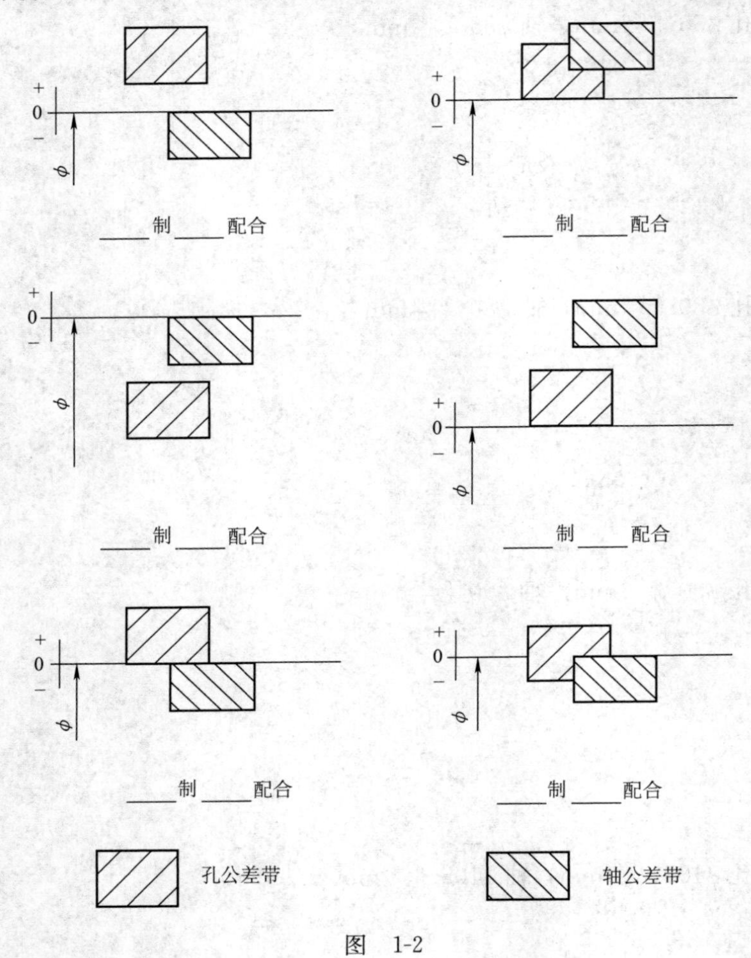

图 1-2

7. 已知表 1-3 中的数值，试计算出各空格处的数值。

表 1-3 （单位：mm）

公称尺寸	孔			轴			X_{max}或Y_{min}	X_{min}或Y_{max}	T_f
	ES	EI	T_h	es	ei	T_S			
$\phi50$		0				0.062	+0.204		0.124
$\phi25$			0.013	0			−0.015	−0.037	
$\phi65$		0				0.030		−0.032	0.076
$\phi80$	+0.009		0.030	0			+0.028		
$\phi45$		0			+0.070		−0.045	−0.086	

8. 下列尺寸标注是否正确？如有错误请改正。

（1） $\phi20^{+0.015}_{+0.021}$mm （2） $\phi25^{+0.033}_{0}$mm

（3） $\phi40^{-0.025}$mm （4） $\phi45^{-0.041}_{-0.025}$mm

（5） $\phi80_{+0.046}$mm （6） $\phi50^{+0.042}_{+0.017}$mm

（7） $\phi30^{-0.008}_{+0.013}$mm （8） $\phi60^{+0.025}_{-0.025}$mm

9. 公称尺寸为 $\phi45$mm 的基孔制配合。已知孔、轴的公差等级相同，配合公差 $T_f=0.078$mm，配合的最大间隙 $X_{max}=+0.103$mm。试确定孔、轴的极限偏差及另一极限盈隙。

10. 某孔、轴配合，公称尺寸为 $\phi50$mm，孔的标准公差等级为 IT8，轴的标准公差等级为 IT7。已知孔的上极限偏差为＋0.039mm，要求配合的最小间隙是＋0.009mm。试确定孔、轴的极限偏差；确定其配合制；判断其配合性质。

11. 某孔为 $\phi20^{+0.013}_{0}$ mm 与某轴配合，要求 $X_{max}=+0.011$mm，$T_f=0.022$mm，试求出轴的上、下极限偏差。

第二章　技术测量的基本知识及常用计量器具

一、填空题

1. 以确定被测对象的量值而进行的实验过程称为________。

2. 一个完整的测量过程应包括________、________、________和________四个方面。

3. 我国的法定计量单位是以________________为基础确定的。

4. 在机械制造中，常用的长度单位为________，它与长度基本单位米的关系是 1mm=______ m，与精密计量单位微米的关系是 1mm=______ μm。

5. 3/4 英寸（in）=________毫米（mm）。

6. 15.875mm=________英寸（in）。

7. 计量器具按结构特点可分为________、________、________和________等。

8. 量仪与量具在结构上最主要的区别是：前者一般具有________系统，而后者没有此系统。

9. 量仪按原始信号转换原理的不同，可分为________、________、________和________四种。

10. 间接测量法是指测量与被测量之间有已知________的其他量，再经过________得到被测量的测量方法。

11. 综合测量能同时测量零件上的几个________，从而综合评定零件是否________，因而它实质上属于________。

12. 绝对测量是由计量器具标尺上________被测量的实际数值，而相对测量指示的值只是被测量对标准量的________。

13. 标尺间距是指沿着标尺长度的同一条线测得的________________的距离。

14. 分度值是对应两________________标记的两个值之差。

15. 测量范围是指计量器具所能测量的被测量的________到________的范围。

16. 示值误差是计量器具的________与________________之差。

17. 绝对误差的大小只能评定________的被测几何量的测量精确度，而相对误差的大小才能评定________的被测几何量的测量精确度。

18. 从产生测量误差的原因来分析，主要包括________误差、________误差、________误差和______误差。

19. 根据测量误差出现的规律，可将其分为________误差和________误差。

20. 系统误差是指在相同条件下多次重复测量同一几何量时，误差的______和________均不变，或按____________变化的测量误差，前者称________系统误差，后者称________系统误差。

21. 组合量块时，为减少量块的组合误差，应尽量减少量块的数目，一般不超过________块。选用量块时，应从消去所需尺寸的______________开始，逐一选取。

22. 量块的制造精度分为____级，量块的检定精度分为______等。量块按“等”使用比按“级”使用可________测量精度。

23. 游标卡尺的刻线原理是利用______标尺间距和________标尺间距______来进行小数读数的。

24. 游标卡尺按分度值可分为______ mm、______ mm 和______ mm 三种。尺身的标尺间距都是______ mm。

25. 如游标卡尺游标上刻线 20 格的长度等于尺身 19 格的长度，此时游标上的标尺间距为______ mm，则此游标卡尺的分度值为________ mm。

26. 游标深度卡尺用于测量______、________的深度，__________的高度。

27. 测微螺旋量具是利用__________________，对尺架上两测量面间分隔的距离进行读数的外尺寸测量器具，它比游标量具测量精度______，使用________，主要用于测量__________精度的零件。

28. 千分尺一般由________、____________、____________和____________等组成。

29. 千分尺测微螺杆的螺距一般为______ mm，当微分筒转一转时，测微螺杆轴向移动是______ mm。微分筒圆周上刻有______等份，此千分尺的分度值是______ mm。

30. 常用的千分尺的测量范围为_______ mm、_______ mm 和_______ mm 等多种。

31. 两点内径千分尺可以用于测量______ mm 以上的内尺寸。

32. 螺纹千分尺主要用于测量螺纹的______尺寸。使用时应根据________的大小选用规格相适应的测头，使 V 形测量头与________________部分相吻合，锥形测头与________________部分相吻合。

33. 杠杆千分尺是由____________和____________两部分组成，前者的分度值是________ mm，后者是________ mm 或________ mm 两种，示值范围为________ mm。

34. 指示表是借助________、________和________的传动，将测杆的微小____________经传动和放大机构转变为表盘上指针的______，从而指示出相应的数值。

35. 指示表的分度值为________ mm，其示值范围通常为________ mm、________ mm 和________ mm 三种。

36. 杠杆指示表的分度值为______ mm，其示值范围为______ mm。

37. 内径指示表是由__________和____________组成的，它主要用相对法测量______、______及其几何形状误差。

38. 直角尺主要用于检验__________或________，测量__________误差，检查机床仪器的精度和划线。

39. 游标万能角度尺是测量各种零件_________的计量器具，按其分度值可分为______和______两种。

40. 游标万能角度尺按其尺身的形状可分为______和______两种，前者的测量范围为______，后者的测量范围为______。

41. 分度值为 2′的游标万能角度尺，游标上______格的弧长对应于尺身上______度的弧长。

42. 正弦规是利用______原理采用______测量方法测量精度较高的小角度零件的量具。

43. 水平仪是用于测量工件表面相对水平位置倾斜______的常用计量器具，它可测量各种导轨和平面的______度、______度、______度和______度的误差，还可调整安装各种设备的水平或垂直位置。

44. 水平仪的主要工作部分是水准器，不管它处于何种位置，______总是趋向于玻璃管圆弧面的______位置。

45. 分度值为 0.02mm/1000mm 的水平仪，表示气泡移动 1 格时，在______ mm 距离上的高度差为______ mm，若以倾斜角度表示，则角度值为______。

46. 水平仪按其原理可分为______水平仪和______水平仪两类，前一类又有______水平仪、______水平仪和______水平仪三种。

47. 分度值为 0.01mm/1000mm 的合像水平仪，刻度窗口 1 格表示 1000mm 长度上的高度差为______ mm；微分盘刻度 1 格表示 1000mm 长度上的高度差为______ mm。

二、判断题（“√”表示正确，“×”表示错误，填在题末的括号内）

1. 在机械制造中，只有经测量和检验合格的零件，才具有互换性。（ ）
2. 测量误差主要是人的失误造成，与量具、环境无关。（ ）
3. 金属直尺、游标卡尺、千分尺等属于通用量具。（ ）
4. 量块、水平仪、指示表等属于常用量仪。（ ）

5. 能从量具或量仪上直接读出被测量的数值大小的方法是绝对测量法。（　）

6. 用游标卡尺测量轴颈尺寸，既属于直接测量法，又属于相对测量法。（　）

7. 由于绝对测量法被测量的全值可以从计量器具的读数装置中直接获得，因而在相同的测量条件下，绝对测量法比相对测量法的测量精度高。（　）

8. 综合测量一般属于检验，如用螺纹通规检验螺纹的作用中径是否合格就属于综合测量。（　）

9. 标尺间距和分度值是两个截然不同的参数。标尺间距大，计量器具的读数精度高，可减小读数误差；分度值小，则计量器具的测量精度高。（　）

10. 测量精度和测量误差是两个相对的概念，精度高，则误差小；反之精度低，则误差大。（　）

11. 绝对误差用于表明相同大小被测量的测量精度，而相对误差则用以表明不同大小被测量的测量精度。（　）

12. 定值系统误差和变值系统误差的主要区别在于：前者的大小和符号均保持不变，而后者按一定规律变化。（　）

13. 量块使用时组合的块数一般不超过4～5块，其目的是尽量减少量块组合产生的累积误差。（　）

14. 分度值为0.02mm的游标卡尺，游标尺上49格的长度与主标尺50格的长度相等。（　）

15. 游标卡尺可测量内、外尺寸，高度，深度以及齿轮的齿厚等。（　）

16. 游标卡尺适用于中等精度的测量和检验。（　）

17. 游标卡尺是利用尺身和游标标尺间距之差来进行小数部分读数的。差值越小，游标卡尺的测量精度越高。（　）

18. 测量力过大或过小均会增大测量误差。（　）

19. 必要时允许用电刻法或化学法在游标卡尺的背面刻蚀记号。（　）

20. 游标深度卡尺不但能测量孔的深度，还可直接测量孔径的大小。（　）

21. 游标齿厚卡尺可用于测量直齿、斜齿圆柱齿轮的固定弦齿厚。（　）

22. 螺旋测微量具是利用精密螺旋副原理制成的一种较精密的量具。（　）

23. 千分尺是用来测量孔径、槽的深度的量具。（　）

24. 千分尺的制造精度可分为0级和1级两种，0级精度较高。（　）

25. 两点内径千分尺的刻线方向与千分尺的刻线方向正好相反。（　）

26. 深度千分尺用于测量孔、槽的深度及台阶的高度尺寸，测量范围有0～50mm和25～100mm两种。（　）

27. 螺纹千分尺用来测量螺纹大径。（　）

28. 杠杆千分尺也可用作相对测量。 （　　）

29. 指示表的大指针转过1格，表示其测杆移动0.01mm，故指示表的分度值为0.01mm。 （　　）

30. 指示表的示值范围最大为0～10mm，因而指示表只能用来测量尺寸较小的工件。 （　　）

31. 指示表的测头开始与被测表面接触时，只能轻微接触其表面，以避免产生过大的接触力，并保持足够的示值范围。 （　　）

32. 用指示表测量长度尺寸时，采用的是相对测量法。 （　　）

33. 为了合理保养指示表等精密量仪，应在其测杆上涂防锈油，以防生锈。 （　　）

34. 杠杆指示表的体积小，测头的位移方向可以改变，因而其测量精度比普通指示表高。 （　　）

35. 由于游标万能角度尺是万能的，因而它能测量出0°～360°之间任何角度的数值。 （　　）

36. 游标万能角度尺测量角度在50°～140°之间，应装上直尺。 （　　）

37. 使用正弦规时，所垫量块组的高度应为$h=L\sin\alpha$。 （　　）

38. 用分度值为0.02mm/1000mm、边框长为200mm的框式水平仪测量机床导轨，当水平仪的读数为1格时，表示机床导轨在水平仪两侧的高度差为0.02mm。 （　　）

39. 正弦规的中心距越大，零件角度越大，则测量精确程度越高。 （　　）

三、选择题（将正确答案的序号填写在括号内）

1. 检验与测量相比，其最主要的特点是（　　）。

A. 检验适合大批量生产

B. 检验所使用的计量器具比较简单

C. 检验只判断被测几何量的合格性，无须得出具体的量值

D. 检验的精度比测量低

2. 下列量具中属于标准量具的是（　　）。

A. 金属直尺　　B. 量块

C. 游标卡尺　　D. 光滑极限量规

3. 我国法定长度计量的基本单位是（　　）。

A. 公尺　　B. 尺

C. 米　　D. 毫米

4. 25.4mm=（　　）in。

A. 1　　B. 0.9646

C. 622.3　　　　　　　D. 0.0408

5. 关于量具特点，下列说法中错误的是（　　）。

A. 量具的结构一般比较简单

B. 量具只能与其他计量器具同时使用

C. 量具没有传动放大系统

D. 量具可分为单值量具和多值量具两种

6. 量仪分为四大类的标准是（　　）。

A. 量仪的结构复杂程度　　B. 量仪的测量精度

C. 量仪的数据显示方式　　D. 量仪原始信号的转换原理

7. 关于相对测量方法，下列说法中正确的是（　　）。

A. 相对测量的精度一般比较低

B. 相对测量方法只能采用量仪来进行

C. 采用相对测量方法计量器具所指示出的是被测量与标准量的偏差

D. 测量装置不直接和被测工件表面接触

8. 关于综合测量方法，下列说法中错误的是（　　）。

A. 综合测量能同时测量工件上几个几何量的数值

B. 综合测量能得到工件上几个有关几何量的综合结果

C. 综合测量一般属于检验

D. 综合测量的效率比单项测量高

9. 关于主动测量方法，下列说法中错误的是（　　）。

A. 是在加工过程中对工件的测量

B. 测量的目的是发现并剔除废品

C. 常用在生产线上

D. 能最大限度地提高生产率和产品合格率

10. 用游标卡尺测量工件的轴颈尺寸属于（　　）。

A. 间接测量　　　　　　B. 相对测量

C. 动态测量　　　　　　D. 绝对测量

11. 利用游标卡尺测量孔的中心距，此测量方法为（　　）。

A. 直接测量　　　　　　B. 间接测量

C. 动态测量　　　　　　D. 主动测量

12. 测量误差按特点和性质可分为（　　）。

A. 系统误差，人员误差

B. 绝对误差，相对误差

C. 器具误差，环境误差，方法误差

D. 系统误差，随机误差

13. 一工件尺寸的真值为 $x_0=20$mm，测量时所允许的测量误差为 $\delta=0.5$mm，下列（　　）是完全正确的。

A. 测得值只能在 19.5～20mm 范围内

B. 测得值只能在 19.75～20.25mm 范围内

C. 测得值只能在 20～20.5mm 范围内

D. 测得值只能在 19.5～20.5mm 范围内

14. 关于测量误差的概念，下列说法中正确的是（　　）。

A. 任何测量方法都存在着测量误差

B. 对同一被测几何量重复进行多次测量，其测得值均相同

C. 用绝对误差来评定测量误差比用相对误差评定准确

D. 相对误差的单位应与被测量的单位相同

15. 关于随机误差的特点，下列说法中错误的是（　　）。

A. 误差的大小和方向预先是无法知道的

B. 随机误差完全符合统计学规律

C. 随机误差的大小和符号按一确定规律变化

D. 随机误差的分布具有单峰性、对称性、有界性和抵偿性

16. 在检查千分尺时，使测微螺杆和测砧的测量面贴合，发现微分筒的零线与固定套管中线没有对齐，由此而产生的测量误差属于（　　）。

A. 随机误差　　B. 系统误差

C. 粗大误差　　D. 相对误差

17. 在精密测量中，对同一被测几何量作多次重复测量，其目的是为了减小（　　）对测量结果的影响。

A. 随机误差　　B. 系统误差

C. 相对误差　　D. 绝对误差

18. 关于量块的特性，下列说法中错误的是（　　）。

A. 量块是一种精密量具，测量精度高，应用范围广

B. “级”是量块的制造精度，“等”是量块的检定精度，按“级”使用比按“等”使用精度高

C. 利用量块的研合性，能将不同尺寸的量块组合成所需的各种尺寸

D. 量块是成套使用的

19. 关于“级”和“等”的概念，下列说法中错误的是（　　）。

A. 量块按制造精度分为五级，按检定精度分为六等

B. 按级使用是根据量块的标称尺寸

C. 按等使用是根据量块的提取组成要素的局部尺寸

D. 按级使用比按等使用测量精度高

20. 量块不能用于（　　）。

A. 测量表面粗糙度

B. 检验其他计量仪器

C. 长度测量中作为比较测量的标准

D. 精密机床的调整

21. 关于量块的使用方法，下列说法中错误的是（　　）。

A. 在组合前先用航空汽油或苯洗净表面的防锈油，并用麂皮和软绸将其擦干

B. 使用时不得用手接触测量面

C. 使用前应在纱布上磨一磨，使表面无油污

D. 使用后一定拆开组合的量块，再用航空汽油或苯洗净擦干，并涂上防锈油

22. 分度值为 0.05mm、游标系数 $\gamma=2$ 的游标卡尺，其游标的标尺间距为（　　）mm。

A. 0.05　　B. 0.95

C. 1.95　　D. 1

23. 关于游标卡尺，下列说法中错误的是（　　）。

A. 游标卡尺的读数原理是利用主标尺标尺间距与游标标尺间距之差来进行小数读数

B. 由于游标卡尺刻线不准，因而在测量中易发生随机误差

C. 使用游标卡尺测量时，应使量爪轻轻接触零件被测表面，保持合适的测量力

D. 游标卡尺结构简单，使用方便，在一般精度的测量中，使用极为广泛

24. 如图 2-1 所示，游标卡尺的读数是（　　）mm。

A. 1.25　　B. 1.5

C. 10.5　　D. 10.25

25. 如图 2-2 所示，游标卡尺的分度值 i 是（　　）mm。

A. 0.95　　B. 0.05

C. 0.02　　D. 0.98

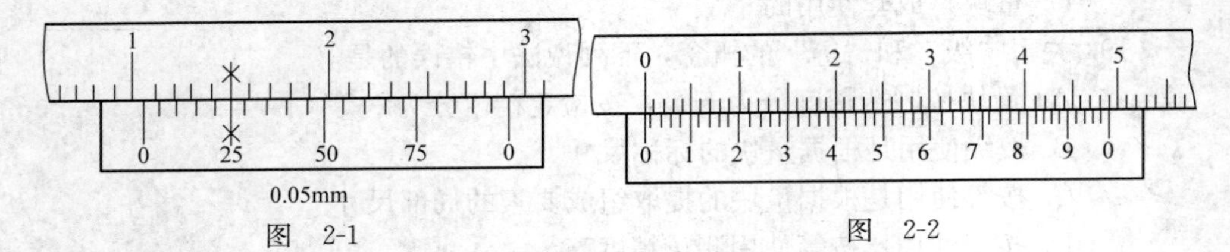

图 2-1　　图 2-2

26. 用游标卡尺测量 8.08mm 工件的尺寸，选用分度值 i 为（　　）mm 的游标卡尺较适当。

A. 0.01　　B. 0.02

C. 0.05　　D. 0.1

27. 千分尺上棘轮的作用是（　　）。

A. 校正千分尺　　B. 便于旋转微分筒

C. 限制测量力　　D. 补偿温度变化的影响

28. 千分尺的分度值是（　　）mm。

A. 0.5　　B. 0.01

C. 0.05　　D. 0.001

29. 若千分尺测微螺杆的螺距为 0.5mm，则微分筒圆周上的刻度为(　　)。

A. 50 等分　　B. 100 等分

C. 10 等分　　D. 20 等分

30. 关于千分尺的特点，下列说法中错误的是（　　）。

A. 使用灵活，读数准确

B. 测量精度比游标卡尺高

C. 测量范围广

D. 螺纹传动副的精度很高，因而适合测量精度要求较高的零件

31. 若 0～25mm 的千分尺的两测头正常接触时，读数如图 2-3 所示，用它测量工件后，读数为 24.18mm，则工件的提取组成要素的局部尺寸为（　　）mm。

A. 24.20　　B. 24.16

C. 24.18　　D. 无法确定

32. 如图 2-4 所示，千分尺中（　　）mm 读数是正确的。

A. 19.73　　B. 19.23

C. 20.23　　D. 20.73

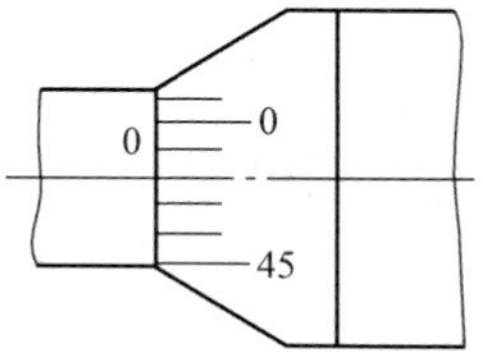

图　2-3

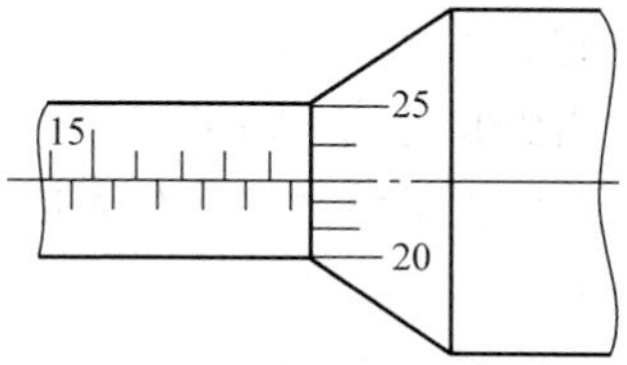

图　2-4

33. 利用指示表测量工件的长度尺寸，所采用的方法是（　　）。

A. 绝对测量　　B. 相对测量

C. 间接测量　　D. 动态测量

34. 指示表的作用是（　　）。

A. 调整测量时间　　B. 进行比较测量

C. 测量转速　　D. 测量温度

35. 指示表的测杆移动 1mm，其大小指针分别转了（　　）。

A. 大指针转了 10 格，小指针转了 1 格

B. 大指针转了 100 格，小指针转了 1 格

C. 大指针转了 1 格，小指针转了 100 格

D. 大指针转了 1 格，小指针转了 1 格

36. 有关杠杆指示表的使用问题，（　　）说法不正确。

A. 适用于测量凹槽、内孔的圆跳动误差等

B. 测头可扳动 180°

C. 尽可能使测杆轴线垂直于工件尺寸线

D. 不能测量平面

37. 内径指示表杠杆系统的传动比是（　　）。

A. 1∶1　　B. 1∶2

C. 2∶1　　D. 100∶1

38. 在完整的Ⅰ型游标万能角度尺上，如把直尺和卡块取下来，可测量范围（　　）。

A. 0°～50°　　B. 50°～140°

C. 140°～230°　　D. 230°～320°

39. 关于正弦规，下列说法中错误的是（　　）。

A. 正弦规测量角度是采用间接测量的方法

B. 正弦规测量角度必须同量块和指示量仪（指示表）结合起来使用

C. 使用正弦规只能测量外圆锥角，而不能测量内圆锥角

D. 正弦规有很高的精度，可作精密测量用

40. 水平仪不用于（　　）测量。

A. 倾斜角　　B. 平面度误差

C. 直线度误差　　D. 圆度误差

41. 普通水平仪处在水平位置时，气泡应在（　　）位置。

A. 玻璃管的中间位置

B. 气泡偏离玻璃管的中间位置

C. 玻璃管的最低点

D. 直到看不见气泡为止

四、简答题

1. 什么是绝对测量？什么是相对测量？两者之间有何区别？

2. 测量误差产生的主要原因有哪些？

3. 说明分度值为 0.02mm 的游标卡尺的刻线原理。

4. 使用游标卡尺时通常应注意哪些问题？

5. 使用千分尺时通常应注意哪些问题？

6. 直角尺有哪些用途？

7. 说明分度值为 $2'$ 的游标万能角度尺的刻线原理。

8. 用 0.01mm/1000mm 分度值的合像水平仪测量，应该如何读数？

五、综合题

1. 有两个零件，其外圆直径分别为 $x_1=150$mm，$x_2=1500$mm，测量的绝对误差 $\delta_1=\delta_2=0.2$mm。试比较两者的精度。

2. 测得两根钢管的内径分别为 9.525mm 和 15.875mm，试确定它们各为几英寸规格的钢管。

3. 用 83 块一套的量块，组合尺寸 32.95mm 和 137.785mm。

4. 确定图 2-5 所示游标卡尺的分度值 i 及所确定的被测尺寸的数值。

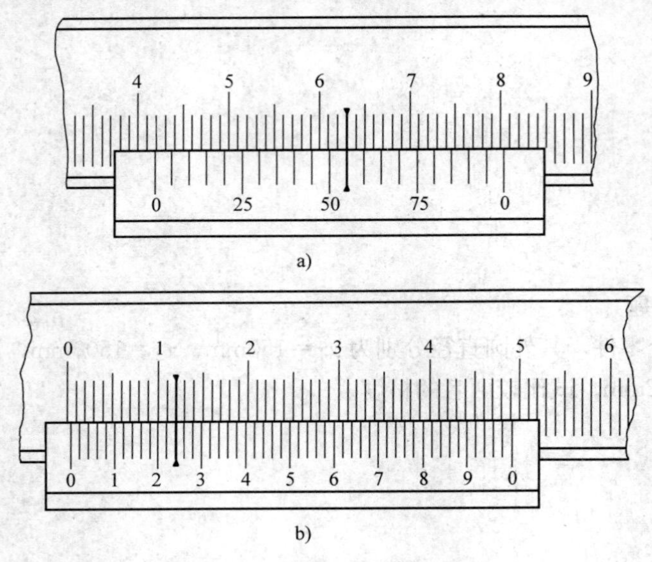

图 2-5

5. 现有三种游标卡尺，它们的刻线情况如下：

①主标尺每小格 1mm，游标尺 20 格与主标尺 39mm 长度对齐。

②主标尺每小格 1mm，游标尺 50 格与主标尺 49mm 长度对齐。

③主标尺每小格 1mm，游标尺 10 格与主标尺 19mm 长度对齐。

试问：

(1) 三种游标卡尺的分度值各是多少？为什么？

(2) 下面所列尺寸分别用哪种游标卡尺测量较妥当？为什么？

5.05mm；　3.34mm；　4.2mm

6. 确定图 2-6 所示千分尺表示的被测尺寸的数值。

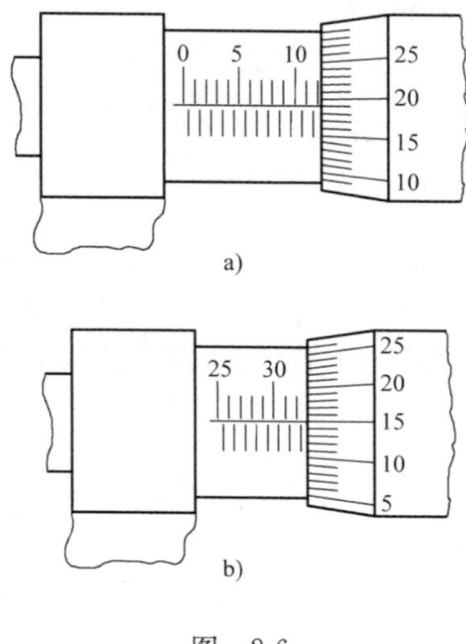

图 2-6

7. 确定图 2-7 所示游标万能角度尺表示的被测角度的数值。

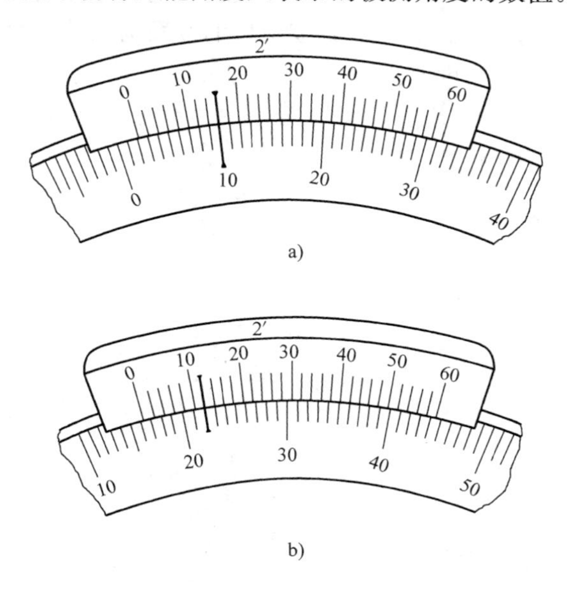

图 2-7

8. 用中心距为 200mm 的正弦规测量一圆锥形零件，如所垫量块高度刚好等于 10mm，试求该零件的角度是多大。

9. 用分度值为 0.02mm/1000mm（4″）的水平仪测量长度为 1200mm 导轨工作面的倾斜程度。如气泡移动 2.5 格，试求导轨工作面对水平面的倾斜角度及导轨两端的高度差。

10. 用分度值为 0.01mm/1000mm 的光学合像水平仪测量长度为 1400mm 的导轨工作面的倾斜程度。如 mm/m 刻度窗口的读数为 1 格，微分盘上的格数为 12 格，试求导轨两端的高度差。

第三章　几何公差

一、填空题

1. 零件上实际存在的由无数个点组成的要素称为________要素。

2. 在图样上给出了几何公差要求，需要测量的要素称为________要素；用于确定被测要素的方向或（和）位置的要素称为________要素。

3. 被测要素可分为________要素和________要素两种。

4. 单一要素与零件上的其他要素______功能关系，而关联要素与零件上的其他要素________功能关系。

5. 国家标准规定，几何公差有________公差、________公差、________公差和________公差四种类型。

6. 形状公差有________项，平面度公差用符号________表示，圆度公差用符号________表示。

7. 方向公差有________项，平行度公差用符号________表示，垂直度公差用符号________表示。

8. 位置公差有________项，对称度公差用符号________表示，同轴度公差用符号________表示。

9. 跳动公差分________和________两种。

10. 无论基准符号的方向如何，基准字母都应________书写。

11. 几何公差带包括________、________、________和________四个要素。

12. 几何公差带的形状取决于被测要素的______________、______________及______________。

13. 几何公差带的大小通常是指公差带的________、________或________的大小。

14. 位置公差的公差带位置是________的。

15. 形状误差是被测提取要素对其________要素的变动量；方向误差是被测提取要素对一具有确定方向的________要素的变动量；位置误差是被测提取要素对一具有确定位置的________要素的变动量。

16. 形状公差一般只用于______要素。而方向公差、位置公差和跳动公差适用于______要素。

17. 当被测要素为__________或__________时，箭头应指在该要素的轮廓线或其延长线上，并与尺寸线明显错开。

18. 当被测要素为________、________或________时，箭头应位于相应尺寸线的延长线上。

19. 对被测要素进行数量说明时，附加要求应写在公差框格的________；对被测要素进行解释性说明时，附加要求应写在公差框格的________。

20. 最小条件是指________对于其________的最大变动量为最小。

21. 几何误差有______种检测原则：________、________、________、________和________。

22. 最小包容区域是包容被测提取实际要素且具有________或________的区域。

23. 在运用与拟合要素比较原则中，拟合要素可用______的方法来获得。

24. 运用测量特征参数原则，测量精度比较______，但使用________。

25. 测量跳动原则中，各种跳动的变动量是指示表的________与________读数之差。

26. 理想边界控制原则应用于按________或________的场合。

27. 由于测量跳动原则的测量方法________，所以在车间多被采用。

28. 直线度误差可用________、________等计量器具检测。

29. 平面度误差可用________、________、________和________等计量器具检测。

二、判断题（"√"表示正确，"×"表示错误，填在题末的括号内）

1. 规定几何公差的目的是为了限制几何误差，从而保证零件的使用性能和互换性。（ ）

2. 尺寸公差用于限制尺寸误差，其研究的对象是尺寸；而几何公差用于限制几何误差，其研究的对象是几何要素。（ ）

3. 测量时由提取要素来代替，而拟合要素是作为评定提取要素误差的依据。（ ）

4. 由加工形成的在零件上实际存在的要素即为被测要素。（ ）

5. 在被测要素中，给出形状公差要求的要素都为单一要素。（ ）

6. 零件上对基准要素有功能关系并给出方向、位置或跳动公差要求的要素称为关联要素。（ ）

7. 基准要素可以简称为基准。（ ）

8. 同轴度不适合用于被测要素是平面的要素。（ ）

9. 线轮廓度不适合用于被测要素是平面的要素。（ ）

10. 公差框格在图样中可以随意绘制。（ ）

11. 无论基准符号的方向如何，基准字母都应垂直书写。（ ）

12. 基准符号中，涂黑的和空白的基准三角形含义不同。（ ）

13. 形状公差的公差带位置是固定的。（　　）

14. 位置公差的公差带位置是浮动的。（　　）

15. 形状公差是为了限制形状误差而设置的。（　　）

16. 由于形状公差带的方向和位置均是浮动的，因而确定形状公差带的因素只有两个，即形状和大小。（　　）

17. 几何公差带的形状与被测要素的几何特征有关，只要被测要素的几何特征相同，则公差带的形状必然相同。（　　）

18. 当基准要素是轮廓线或轮廓面时，基准三角形放置在该要素的轮廓线或其延长线上，并与尺寸线明显错开。（　　）

19. 要素的位置公差可同时控制该要素的位置误差、方向误差和形状误差。（　　）

20. 由于采用“与拟合要素比较原则”时必须有拟合要素，而拟合要素的获得比较困难，因而此原则应用不多，主要用在测量精度要求较高的场合。（　　）

21. 由于“测量特征参数原则”是一条近似的原则，因而测量精度比较低，在实际生产中应用极少。（　　）

22. 由于“测量跳动原则”一般只能用于跳动误差的测量，且测量时必须要有一条基准线，因而在实际生产中应用不多。（　　）

23. 各种形状误差的最小包容区域的形状与各自的公差带形状相似，其宽度或直径由被测提取实际要素本身决定。（　　）

24. 用水平仪测量机床导轨直线度误差的方法属于直接法。（　　）

25. 用旋转法评定平面度误差时，各测量点的旋转量至旋转轴的距离成正比。（　　）

26. 用最小包容区域法评定比其他方法准确，若没有特殊说明，则应按此方法评定的误差值作为仲裁的依据。（　　）

27. 用指示表测量径向圆跳动误差时，指示表的最小差值即为该表面的径向圆跳动误差。（　　）

28. 径向全跳动公差能控制被测表面的圆度误差和其提取中心线与基准轴线的同轴度误差。（　　）

三、选择题（将正确答案的序号填写在括号内）

1.（　　）为基准要素。

A. 图样上规定用于确定被测要素的方向或（和）位置的要素

B. 具有几何学意义的要素

C. 指中心点、线、面或回转表面的轴线

D. 图样上给出位置公差的要求

2. 几何公差的基准符号中基准字母（　　）。

A. 按垂直方向书写

B. 按水平方向书写

C. 书写的方向应和基准符号的方向一致

D. 按任一方向书写均可

3. 几何公差带的形状取决于（　　）。

A. 公差项目

B. 该项目在图样上的标注

C. 被测要素的理想形状

D. 被测要素的形状特征、公差项目及设计要求

4.（　）为形状公差。

A. 被测提取要素对其拟合要素的变动量

B. 被测提取要素的位置对一具有确定位置的拟合要素的变动量

C. 被测提取要素的形状所允许的最大变动量

D. 关联被测提取要素对基准在位置上允许的变动量

5. 形状公差包括（　　）公差。

A. 平面度　　B. 垂直度

C. 全跳动　　D. 对称度

6. 方向公差包括（　　）公差。

A. 同心度　　B. 平行度

C. 圆柱度　　D. 圆跳动

7. 位置公差包括（　　）公差。

A. 同轴度　　B. 倾斜度

C. 圆柱度　　D. 圆跳动

8. 测量圆柱体轴线的直线度误差，其几何公差带的形状为（　　）。

A. 两平行直线　　B. 一个圆柱

C. 一个球　　D. 两组平行直线

9. 测量机床导轨的平面度误差，其几何公差带的形状为（　　）。

A. 两平行直线　　B. 一个圆柱

C. 两平行平面　　D. 两个同心圆

10. 圆度公差的几何公差带形状为（　　）。

A. 两同轴圆柱　　B. 一个圆柱

C. 两个同心圆　　D. 一个球

11. 测量径向圆跳动误差时，指示表测头应（　　），测量轴向圆跳动误差时，指示表测头应（　　）。

A. 垂直于轴线　　B. 平行于轴线

C. 倾斜于轴线　　　　　　　　D. 与轴线重合

12. 最小条件是指提取要素对其（　　）为最小。

A. 拟合要素的最大变动量　　　　B. 基准要素的最大变动量

C. 拟合要素的最小变动量　　　　D. 基准要素的最小变动量

四、简答题

1. 几何公差分为哪几类？每种类型包括哪些项目？各用什么符号表示？

2. 几何公差代号由哪几部分组成？

3. 几何公差带是由哪些部分组成的？

4. 几何公差带的形状通常有哪几种？

5. 几何公差带的位置有哪两种情况？

6. 说明下列每组中的两个公差带的区别和联系。

（1）圆度和圆柱度

（2）圆度和径向圆跳动

（3）圆柱度和径向全跳动

（4）轴向全跳动和端面对轴线的垂直度

7. 几何误差的检测原则有哪几种？

8. 评定平面度误差的最小包容区域有哪几种？

五、综合题

1. 指出图 3-1 中的被测要素、基准要素、单一要素和关联要素。

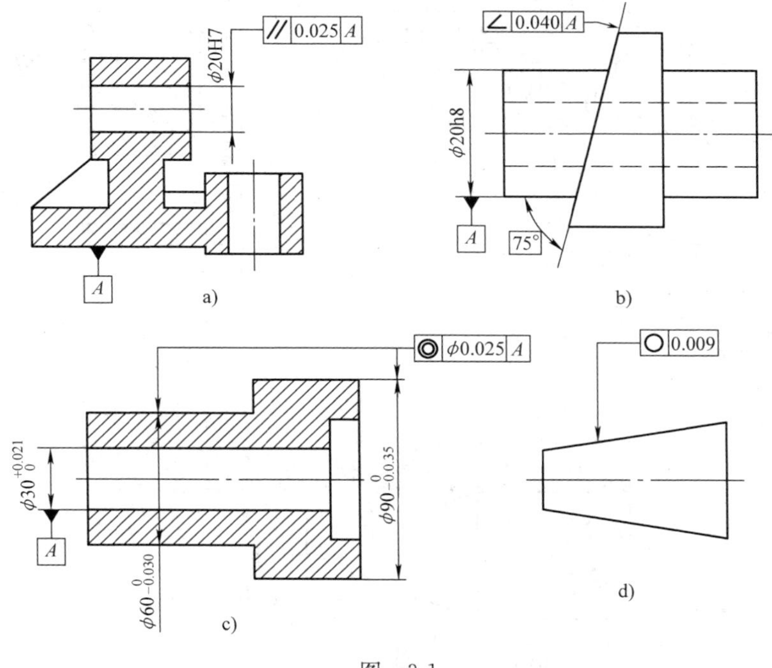

图 3-1

2. 改正图 3-2～图 3-6 中的错误（几何公差项目不允许变更）。

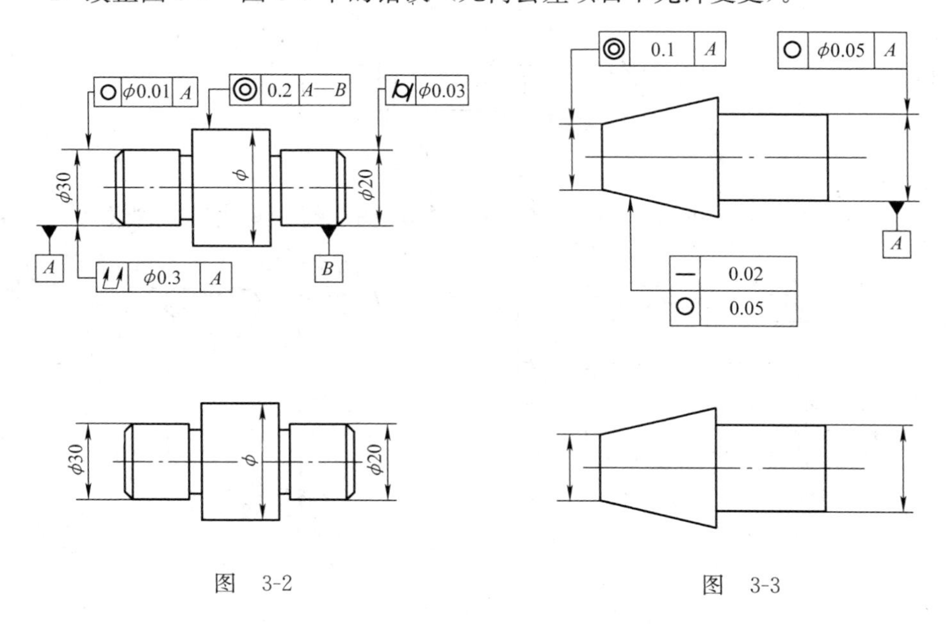

图 3-2

图 3-3

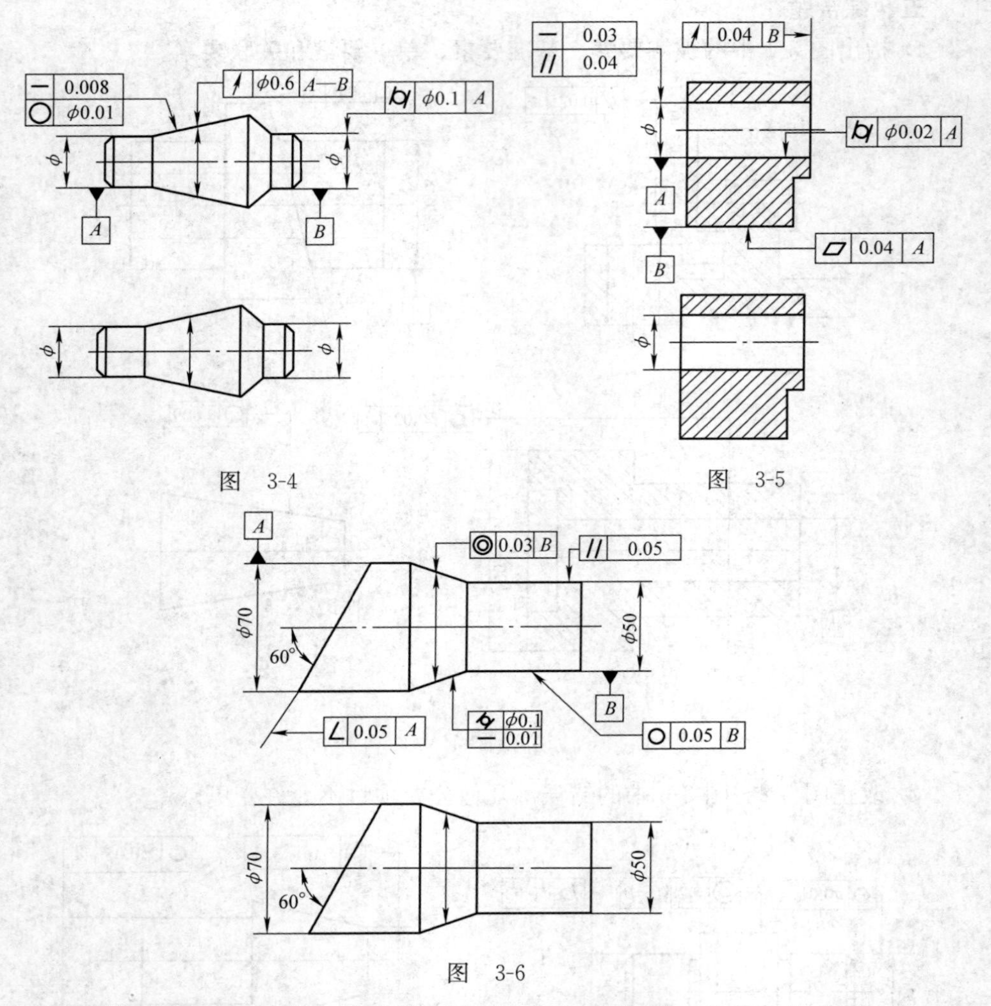

图 3-4

图 3-5

图 3-6

3. 试说明图 3-7～图 3-11 所示各图样上标注的几何公差代号的含义。

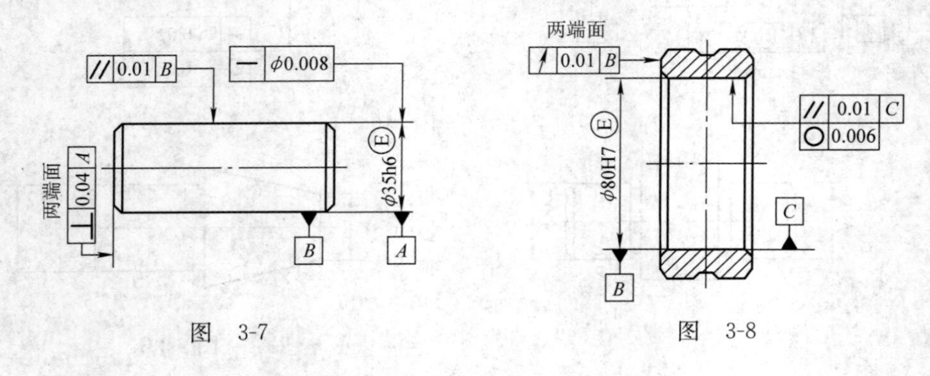

图 3-7

图 3-8

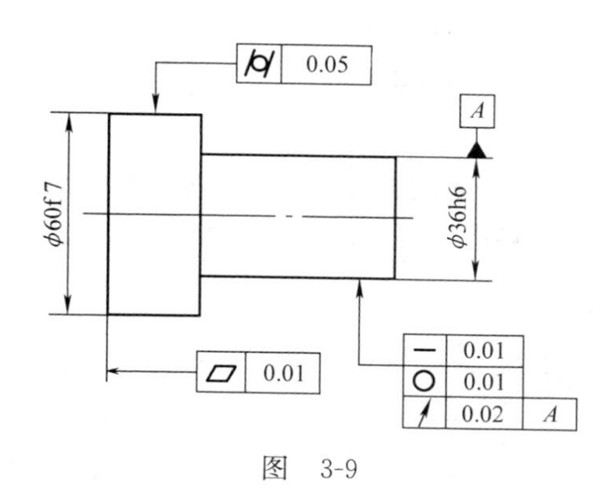

图 3-9

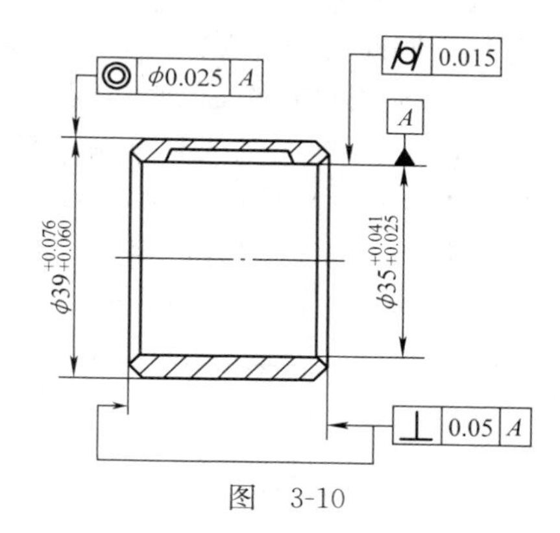

图 3-10

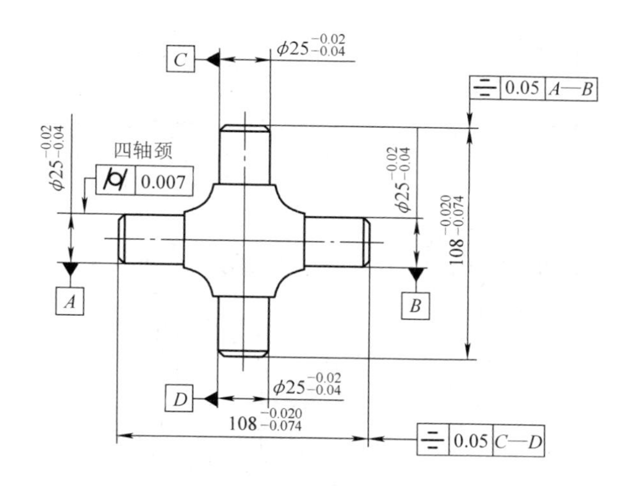

图 3-11

4. 将下列几何公差要求用几何公差代号标注在图 3-12 所示的零件图上。

(1) 对称度公差：120°V 形槽的中心平面必须位于距离为公差值 0.040mm，且相对距离为 $60_{-0.030}^{\ 0}$ mm 的两平面的中心平面对称配置的两平行平面之间。

(2) 平面度公差：两处表面 b 必须位于距离为公差值 0.010mm 的两平行平面之间。

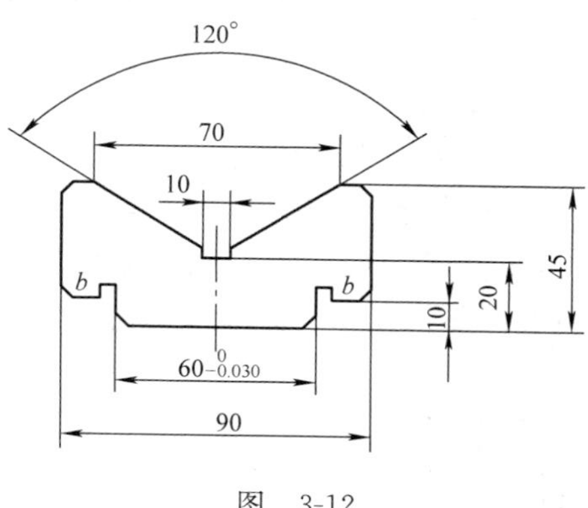

图 3-12

5. 将下列几何公差要求用几何公差代号标注在图 3-13 所示的零件图上。

（1）左端面的平面度公差为 0.01mm。

（2）右端面对左端面的平行度公差为 0.01mm。

（3）ϕ70mm 孔的轴线对左端面的垂直度公差为 ϕ0.02mm。

（4）ϕ210mm 外圆的轴线对 ϕ70mm 孔的轴线的同轴度公差为 ϕ0.03mm。

（5）4×ϕ20H8 孔的轴线对左端面（第一基准）及 ϕ70mm 孔的轴线（第二基准）的位置度公差为 ϕ0.15mm。

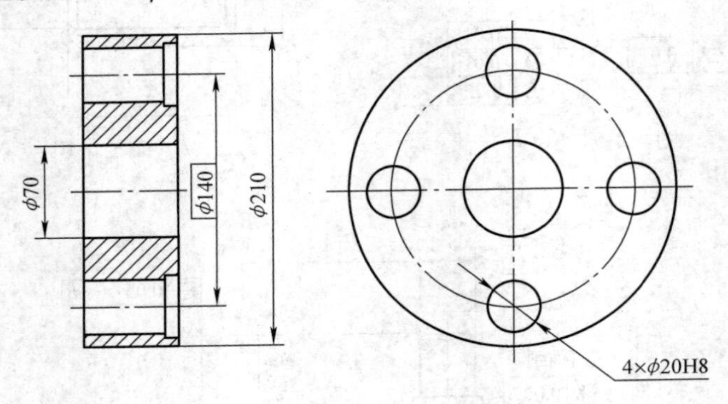

图 3-13

6. 说明图 3-14 和图 3-15 两图样中几何公差代号的含义。

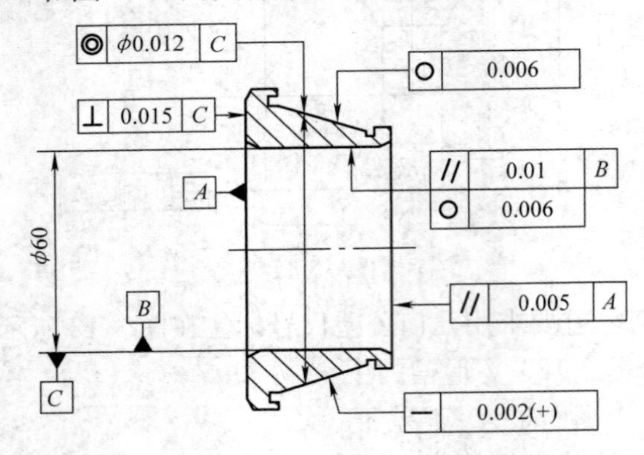

图 3-14

7. 机床导轨全长 1600mm，全长上的直线度公差为 0.012mm，用分度值为 0.02mm/1000mm 的水平仪和跨距为 200mm 的桥板分 8 段测量导轨在垂直平面内的直线度误差，测量结果见表 3-1。

表 3-1

测点序号	0	1	2	3	4	5	6	7	8
水平仪读数/格	0	+1	+2	−0.5	+2	0	−1	0	+1.5

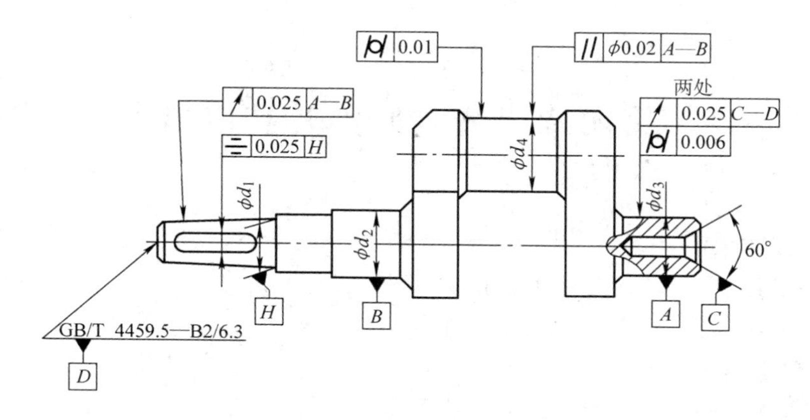

图 3-15

要求：1）作出该导轨的直线度误差曲线图。

2）分别利用最小包容区域法和两端点连线法求出该导轨在垂直平面内的直线度误差。

3）判断其是否合格。

8. 图 3-16 为对一被测平面进行布点测量后获得的数据（单位为 μm），试利用旋转法确定其平面度误差。

0	−5	−15
+20	+5	−10
0	+10	0

图 3-16

第四章　公差原则及其应用

一、填空题

1. 尺寸公差和几何公差在一般情况下是彼此＿＿＿＿＿＿的，应该分别满足＿＿＿＿＿＿；但在一定条件下，它们又可以＿＿＿＿＿＿＿。

2. 公差原则就是确定＿＿＿＿＿＿和＿＿＿＿＿＿之间相互关系的原则。

3. 最大实体状态是假定提取组成要素的局部尺寸处处位于＿＿＿＿＿且使其具有＿＿＿＿＿＿时的状态，即假定提取组成要素的局部尺寸在＿＿＿＿＿范围内具有＿＿＿＿＿最多的状态。

4. 最大实体尺寸是确定要素＿＿＿＿＿＿＿＿＿的尺寸。对于内尺寸要素来讲，等于其＿＿＿极限尺寸；对于外尺寸要素来讲，等于其＿＿＿极限尺寸。

5. 对于内尺寸要素，最大实体实效尺寸等于最大实体尺寸与几何公差之＿＿＿；对于外尺寸要素，最大实体实效尺寸等于最大实体尺寸与几何公差之＿＿＿。

6. 边界是由设计者给定的具有理想形状的＿＿＿＿＿＿＿＿＿。

7. 国家标准规定，公差原则包括＿＿＿＿＿＿和＿＿＿＿＿＿。

8. 独立原则是图样上给定的每一个尺寸和几何要求均是＿＿＿＿的，应分别满足＿＿＿＿。它是尺寸公差和几何公差相互关系遵循的＿＿＿＿原则。

9. 相关要求是图样上给定的尺寸公差和几何公差＿＿＿＿＿的要求。

10. 包容要求应遵守的边界是＿＿＿＿＿＿＿＿＿。它主要用于为了保证＿＿＿＿＿＿，特别是配合公差较小的＿＿＿＿＿＿＿＿＿。

11. 采用包容要求的尺寸要素，应在其尺寸的极限偏差或公差带代号之后加注符号＿＿＿。

12. 最大实体要求是尺寸要素的非拟合要素不得超越其＿＿＿＿＿＿＿＿＿边界的一种尺寸要素要求，即提取组成要素不得超越其＿＿＿＿＿＿，其提取组成要素的局部尺寸不得超出＿＿＿＿＿＿＿＿＿。

13. 最大实体要求主要保证装配的＿＿＿＿＿。

14. 采用最大实体要求的符号是＿＿＿＿。当它用于注有公差的要求时，应标注在导出要素的＿＿＿＿＿＿＿＿＿之后；当它用于基准要素时，应标注在公差框格内的＿＿＿＿＿＿＿＿之后。

15. 可逆要求应用于最大实体要求时，在图样上用符号＿＿＿标注在＿＿＿＿之后。

二、判断题（"√"表示正确，"×"表示错误，填在题末的括号内）

1. 公差原则就是处理尺寸公差和几何公差关系的原则。（　）
2. 孔的最大实体尺寸就是其上极限尺寸。（　）
3. 最小实体状态是指假定提取组成要素的局部尺寸在极限尺寸范围内具有材料量最少的状态。（　）
4. 轴的最大实体尺寸应等于其最大实体尺寸。（　）
5. 相关要求即形状公差与位置公差相互关联的公差原则。（　）
6. 采用包容要求后，图样上不标注几何公差，此时被测要素的几何公差按未注几何公差来处理。（　）
7. 最大实体要求的实质就是用尺寸公差来补偿几何公差。（　）
8. 采用最大实体要求时，当被测提取组成要素的局部尺寸偏离最大实体尺寸时，允许其几何误差值超出其给出的公差值。（　）
9. 最大实体要求的几何公差与包容要求含义是相同的。（　）
10. 最小实体要求的实质是用尺寸公差控制几何公差。（　）

三、选择题（将正确答案的序号填写在括号内）

1. 关于独立原则，下列说法中错误的是（　）。

   A. 采用独立原则时，被测提取组成要素的局部尺寸和几何误差分别由尺寸公差和几何公差控制

   B. 采用独立原则时，被测提取组成要素的局部尺寸和几何误差分别检测

   C. 独立原则一般用于对尺寸公差无严格要求，对几何公差有较高要求的场合

   D. 独立原则是尺寸公差和几何公差相互关系遵循的基本原则

2. 当最大实体要求应用于被测要素，被测要素的几何公差能够得到补偿的条件是（　）。

   A. 被测提取组成要素的局部尺寸偏离最大实体尺寸

   B. 被测提取组成要素的局部尺寸偏离最大实体实效尺寸

   C. 被测提取组成要素的局部尺寸偏离最小实体尺寸

   D. 被测提取组成要素的局部尺寸偏离最小实体实效尺寸

3. 最大实体尺寸是（　）。

   A. 确定要素最大实体状态的尺寸

   B. 确定要素最小实体状态的尺寸

   C. 确定要素最大实体实效状态的尺寸

   D. 确定要素最小实体实效状态的尺寸

4. 最大实体边界是（　）。

   A. 最大实体状态的理想形状的极限包容面

   B. 最大实体实效状态的理想形状的极限包容面

C. 最小实体状态的理想形状的极限包容面

D. 最小实体实效状态的理想形状的极限包容面

5. 最大实体要求应用于基准要素时，图 4-1 标注中（　　）是正确的。

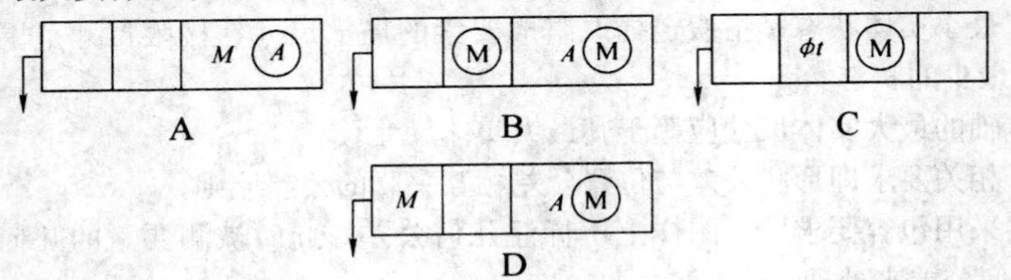

图 4-1

6. 图 4-2 中标注的含义为：该轴必须处处都为（　　）mm 的理想包容面内。当轴的提取组成要素的局部尺寸处处都为 ϕ20mm 时，形状公差为（　　）mm。

A. ϕ20　　B. ϕ19

C. ϕ19.987　　D. 0

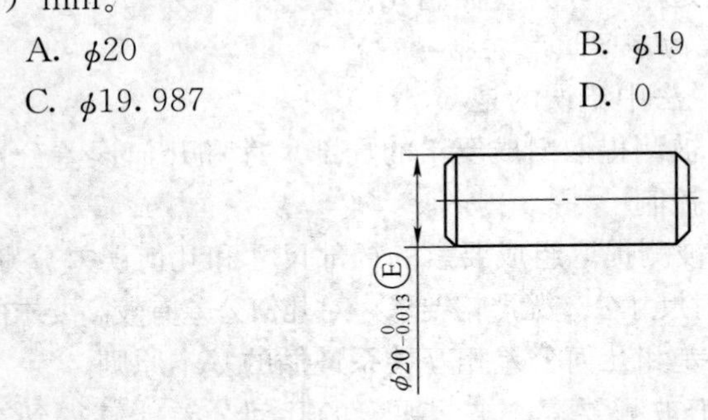

图 4-2

7. 图 4-3 中的同轴度公差标注：

（1）图 4-3a 遵守（　　），图 4-3b 遵守（　　），图 4-3c 遵守（　　）。

A. 独立原则　　B. 包容要求

C. 零几何公差　　D. 最大实体要求

（2）当被测要素的提取组成要素的局部尺寸均为 ϕ30mm 时，图 4-3a 的同轴度公差为（　　）mm，图 4-3b 的同轴度公差为（　　）mm，图 4-3c 的同轴度公差为（　　）mm。

A. 0　　B. ϕ0.01

C. ϕ0.02　　D. ϕ0.031

（3）当被测要素的提取组成要素的局部尺寸为 ϕ30.021mm 时，（　　）。

A. 图 4-3a、b、c 都可继续获得补偿

B. 图 4-3b、c 都可继续获得补偿

C. 图 4-3c 可继续获得补偿

D. 都不能获得补偿

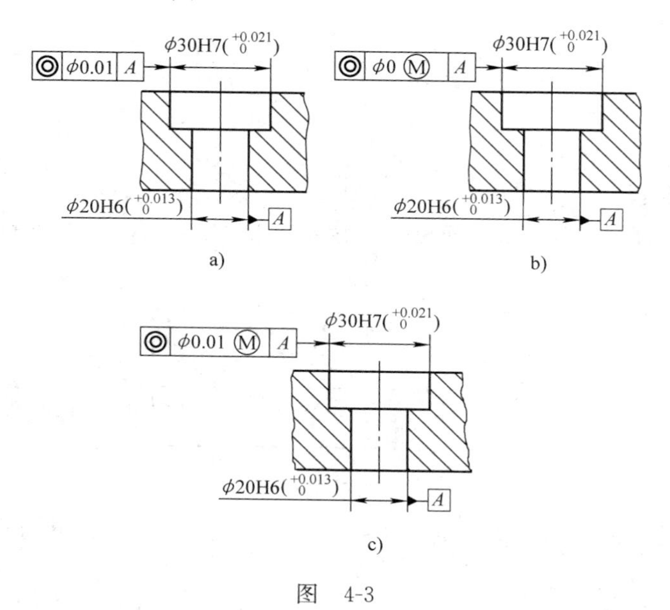

图 4-3

四、简答题

1. 什么叫最大实体尺寸？什么叫最小实体尺寸？它们与上极限尺寸和下极限尺寸有什么关系？

2. 什么是独立原则？它应用于什么场合？

3. 什么是包容要求？为什么包容要求多用于配合性质要求较严的场合？

4. 什么是最大实体要求？采用最大实体要求的好处是什么？

五、综合题

1. 现有一轴，其尺寸公差和几何公差标注如图 4-4 所示，试按题意要求填空。

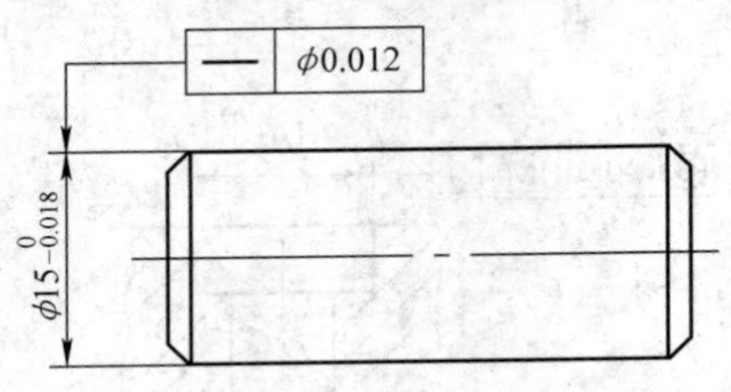

图 4-4

(1) 此轴所采用的公差原则（或要求）是____________，尺寸公差与几何公差的关系是____________________。

(2) 轴的最大实体尺寸为______ mm；轴的最小实体尺寸为______ mm。

(3) 当轴的提取组成要素的局部尺寸为 ϕ15mm 时，轴线的直线度误差值为______ mm。

(4) 当轴的提取组成要素的局部尺寸为 ϕ14.982mm 时，轴线的直线度误差值为______ mm。

2. 现有一孔，其尺寸公差和几何公差标注如图 4-5 所示，试按题意要求填空。

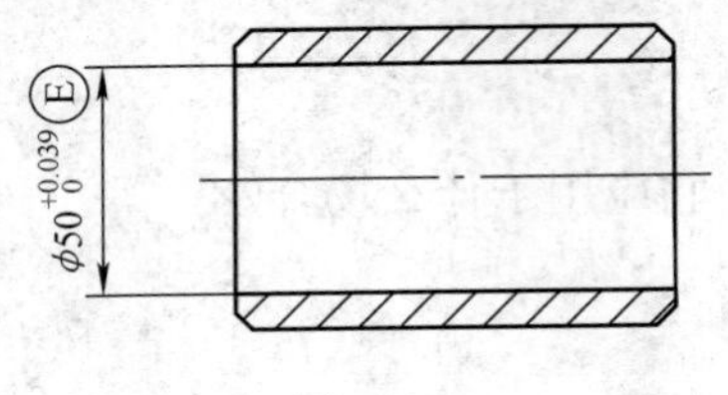

图 4-5

(1) 此孔所采用的公差原则（或要求）是______________，尺寸公差与几何公差的关系是____________________。

(2) 此孔应遵守的边界为________________________边界，其边界尺寸为_______________________尺寸，尺寸数值为____________ mm。

(3) 孔的提取组成要素的局部尺寸必须在________ mm 至________ mm之间。

(4) 当孔的提取组成要素的局部尺寸为最大实体尺寸________ mm 时，允许的轴线直线度误差值为________ mm。

(5) 当孔的提取组成要素的局部尺寸为最小实体尺寸________ mm 时，允许的轴线直线度误差值为________ mm。

3. 现有一零件，其尺寸公差和几何公差标注如图 4-6 所示，试按题意要求填空。

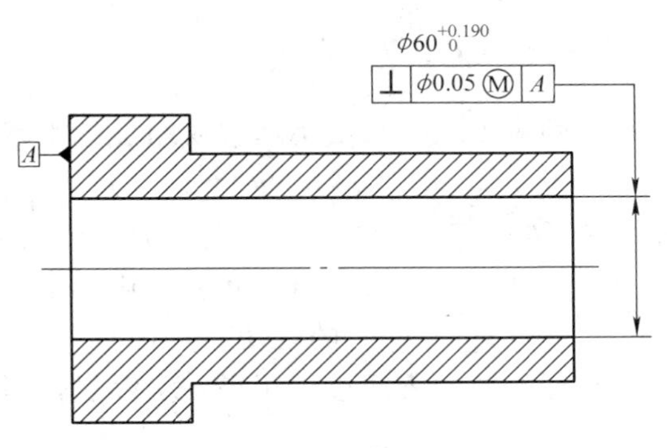

图 4-6

被测要素采用的公差原则是____________，最大实体尺寸是________ mm，最小实体尺寸是________ mm，最大实体实效尺寸是________ mm，垂直度公差给定的值是________ mm，垂直度公差的最大补偿值是________ mm。设孔的横截面提取组成要素的局部尺寸处处都为 ϕ60mm 时，垂直度公差值是________ mm；当孔的提取组成要素的局部尺寸处处都为 ϕ60.100mm 时，垂直度公差值是________ mm。

4. 如图 4-7 所示，要求：

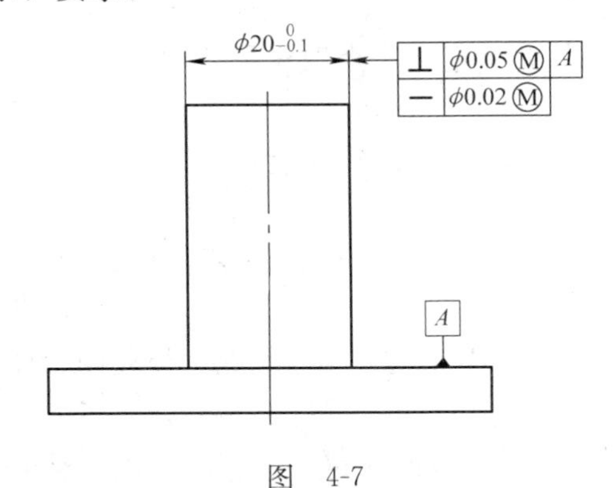

图 4-7

(1) 指出被测要素遵守的公差原则。

(2) 求出单一要素的最大实体实效尺寸、关联要素的最大实体实效尺寸。

(3) 被测要素的形状、方向公差的给定值大小、最大允许值大小。

(4) 若被测提取组成要素的局部尺寸处处为 ϕ19.97mm，轴线对基准 A 的垂直度误差为 ϕ0.09mm，判断其垂直度的合格性并说明理由。

第五章　表面粗糙度

一、填空题

1. 加工表面上具有的较小间距和微小峰谷所组成的微观几何形状特征称为________________。

2. 法向实际轮廓是指与加工纹理方向____的截面上的轮廓。

3. 对于间隙配合，若孔、轴的表面过于粗糙，则容易____，使间隙很快地____，从而引起__________的改变。

4. 对过盈配合，若孔、轴的表面过于粗糙，实际过盈量会____，从而降低了零件的________。

5. 取样长度用符号____表示，评定长度用符号____表示。

6. 取样长度过长，有可能将________的成分带入到表面粗糙度的结果中；取样长度过短，则不能反映待测表面粗糙度的____。

7. 评定基准是在____________上量取的一段长度。

8. 评定长度可以包括______________取样长度，一般情况下，l_n=____。

9. 评定表面粗糙度的高度参数有______________________和________________。

10. 轮廓算术平均偏差是指在一个取样长度内，______________的算术平均值。

11. 轮廓最大高度是指在一个取样长度内，_________和_________之和。

12. 轮廓算术平均偏差用符号____表示，轮廓最大高度用符号____表示。

13. 标准规定，在表面粗糙度的高度评定参数中，优先选用______________________。

14. Ra 的数值越大，零件表面就越____；反之，表面就越____。

15. Rsm 反映了轮廓表面峰谷的疏密程度，其数值越大，峰谷越_____，密封性越_____。

16. 在选用轮廓支承长度率参数时，必须同时给出__________的数值。

17. 表面粗糙度用去除材料的方法获得，Rz 的上限值为 6.3μm，下限值为 1.6μm，传输带、评定长度及评定规则按默认，其代号为____。

18. 表面粗糙度用铣削的方法获得，加工余量 2mm，Ra 的上限值为 12.5μm，下限值为 6.3μm，传输带、评定长度及评定规则按默认，其代号为______。

19. 表面结构要求一般注在____________________，符号的尖端必须____________________。

20. 表面粗糙度参数的选用原则，应在满足零件__________的前提下，尽量选用较______的表面粗糙度值。

21. 表面粗糙度的检测方法有：________________、__________________、__________________________和__________________。

二、判断题（“√”表示正确，“×”表示错误，填在题末的括号内）

1. 表面粗糙度可理解为微观的平面度或圆度。 （　）
2. 在间隙配合中，由于表面粗糙不平，会因磨损而使间隙迅速增大。 （　）
3. 表面粗糙度数值越小，越有利于提高零件的耐磨性和耐蚀性。 （　）
4. 表面越粗糙，取样长度应越小。 （　）
5. 表面粗糙度的取样长度一般即为评定长度。 （　）
6. 评定表面粗糙度时，一般应在纵向轮廓上进行，因为纵向轮廓上的高度参数值要小些。 （　）
7. 取样长度过短不能反映表面粗糙度的真实情况，因此越长越好。 （　）
8. 指出评定长度的概念是考虑到被测表面粗糙度的不均匀性。 （　）
9. 基准线有两种，一般以轮廓的最小二乘中线为基准线，但在轮廓图形上，常用轮廓的算术平均中线代替最小二乘中线。 （　）
10. Ra 值因测量点少，不能充分反映表面状况，所以应用很少。 （　）
11. 在 Ra，Rz 两个参数中，Ra 能充分地反映表面微观几何形状高度方面的特性。 （　）
12. 轮廓支承长度率（$Rmr(c)$）能反映表面的耐磨性，一般情况下 $Rmr(c)$ 的值越大，零件表面的耐磨性越好。 （　）
13. 由于表面粗糙度的高度参数有两种，因而标注时在数值前必须注明相应的符号 Ra，Rz。 （　）
14. 标注时，表面粗糙度符号的尖端，应从材料外指向并接触表面，表面粗糙度代号中的数字及符号的注写方向应与尺寸数字方向一致。 （　）
15. 一般情况下，尺寸精度和形状精度要求高的表面，表面粗糙度值应小一些。 （　）
16. 用比较法评定表面粗糙度能精确地得出被检测表面的表面粗糙度值。 （　）

17. 用比较法检测表面粗糙度的高度参数值时，应使样板与被测表面的加工纹理方向保持一致。（　　）

三、选择题（将正确答案的序号填写在括号内）

1. 在评定和测量表面结构时，通常是用（　　）轮廓。

A. 纵向　　B. 法向

C. 标称　　D. 任意

2. 表面粗糙度是（　　）误差。

A. 宏观几何形状　　B. 微观几何形状

C. 宏观相互位置　　D. 微观相互位置

3. 在 x 轴方向上判别被评定轮廓不规则特征的长度称为（　　）。

A. 基本长度　　B. 评定长度

C. 取样长度　　D. 轮廓长度

4. 关于表面粗糙度两个高度参数的应用特点，下列说法中错误的是（　　）。

A. 对零件的某一确定表面只能采用一个高度参数

B. Ra 参数能充分反映表面微观几何形状高度方面的特征，因而标准推荐优先选用

C. Ra 参数因受计量器具功能的限制，不宜用作过于粗糙或不太光滑表面的评定参数

D. Rz 参数对某些表面上不允许出现较深的加工痕迹和小零件的表面质量有实用意义

5. 表面(2.5)√Ra 3.2 中 2.5 表示（　　）含义。

A. 加工余量　　B. 表面粗糙度的上限值

C. 表面粗糙度的下限值　　D. 纹理呈两相交的方向

6. 对于表面结构代号(3.5)√铣 Ra 12.5 Ra 6.3，下列说法中错误的是（　　）。

A. 传输带、评定长度及评定规则按默认

B. 采用的高度参数为轮廓算术平均偏差 Ra

C. 允许的表面粗糙度 Ra 的最大值为 3.2μm，最小值为 1.6μm

D. 加工余量为 3.5mm

7. 标注表面结构代号时，尖端应指向并接触（　　）表面。

A. 材料外　　B. 材料内

C. 材料内或材料外　　D. 任意

8. （　　）是正确的说法。

A. 工作面的表面粗糙度值应大于非工作面的表面粗糙度值

B. 摩擦表面的表面粗糙度值应大于非摩擦表面的表面粗糙度值

C. 一般情况下，尺寸公差越小，表面粗糙度值越大

D. 在满足表面功能要求的情况下，尽量选用较大的表面粗糙度值

9. 评定表面粗糙度值的选用方法一般多采用（　　）法。

A. 试验　　B. 计算

C. 类比　　D. 任意

四、简答题

1. 什么是表面粗糙度？它对零件的使用性能有何影响？

2. 什么是取样长度？为什么评定表面粗糙度时必须确定一个合理的取样长度？

3. 什么是评定长度？试说明评定长度的作用。

4. 简要说明表面结构要求在图形符号中的注写位置的含义。

5. 试说明两种极限判断原则。

6. 采用比较法检测表面粗糙度时，为了使结果尽量准确，应怎样选用样板？

五、综合题

1. 说明下列表面结构代号的含义。

(1) √Ra 3.2

(2) √Ra 6.3

(3) √Rz 12.5 / Rz 6.3

(4) 磨 √Ra 0.4 / Ra 0.2 (0.5)

(5) √Ra max 6.3

(6) √Ra max 0.4 / Ra max 1.6

2. 解释图 5-1 中所标注的表面结构代号的含义。

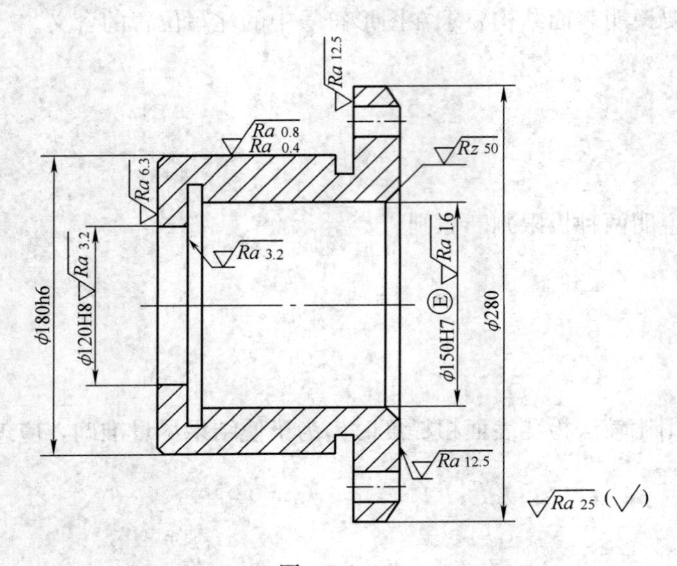

图 5-1

第六章　光滑工件尺寸的检测

一、填空题

1. 对光滑工件尺寸的检测一般有两种方法：一种是用______________________________测量工件的具体尺寸大小，判断其合格与否；另一种是用__________________________检验工件的提取组成要素的局部尺寸和提取组成要素是否在规定的范围内，从而确定其合格与否。前者通常用于零件的被测要素遵守_______________，而后者多用于零件的被测要素遵守_______________。

2. 将零件的真值未超出极限尺寸的合格品误判为废品，造成______；将零件的真值已超出极限尺寸的废品误判为合格品，造成______。

3. 考虑到车间的实际情况，工件的合格与否，只按____________来判断。

4. 安全裕度（A）的数值大小按工件______________________来确定。

5. 验收极限的方式有两种：________________________和____________________________。

6. 选择计量器具时，应使所选用的计量器具的测量不确定数值 u ______________计量器具不确定度的允许值 u_1。

7. 光滑极限量规是一种无______的计量器具，它只能检验工件______与否，而不能测量出工件提取组成要素的局部尺寸的______________。

8. 光滑极限量规按检验对象的不同，可分为______和______两种，前者用于检验______，后者用于检验______。

9. 用量规检验工件的主要依据是______________________原则。

10. 无论是塞规还是卡规均由______量规和______量规成对组成。前者按工件的____________尺寸制造，后者按工件的______________尺寸制造。

11. 用量规检验工件时，只要______能通过，______不能通过，则可判断工件合格。

12. 量规按用途可分为____________、____________和____________三类。

13. 量规工作部分的结构形式必须符合__________________的原则，即其通规应为______量规，而止规应为______量规。

14. 国标规定量规的公差带应位于______________________内。

二、判断题（“√”表示正确，“×”表示错误，填在题末的括号内）

1. 测量多用于零件的要素遵守独立原则，而检验多用于零件的要素遵守相关要求。（　　）

2. 误废造成经济损失，误收影响产品质量。 （ ）

3. 国标规定的验收原则是：所用验收方法应不接收位于规定的尺寸极限之内的工件。 （ ）

4. 孔的上极限尺寸或轴的上极限尺寸是上验收极限。 （ ）

5. 对采用包容要求的尺寸、公差等级高的尺寸，应选用不内缩方式。 （ ）

6. 止规按工件的最小实体尺寸制造，以控制其提取组成要素的局部尺寸。 （ ）

7. 用量规检验工件时，只有通规通过，止规不通过，才能判断工件是合格的。 （ ）

8. 由于光滑极限量规的结构简单，因而一般只用于检验精度较低的工件。 （ ）

9. 光滑极限量规的检验效率高，适合于大批量生产的场合。 （ ）

10. 为了保证工件的精度，操作者应该使用新的或磨损量较小的通规。（ ）

11. 检验部门或用户代表，为了保证验收的质量，应使用与生产人员相同类型且已经磨损较多但却未超过磨损极限的通规。 （ ）

12. 孔用或轴用量规的通规，因在使用过程中经常通过工件容易磨损，因此必须进行定期校对。 （ ）

13. 量规工作部分的结构形式，理论上通规应是全形的，止规应是不全形的。 （ ）

三、选择题（将正确答案的序号填写在括号内）

1. 关于测量和检验的区别，下列说法中错误的是（ ）。

   A. 所使用的计量器具不相同

   B. 测量的精度比检验的精度高

   C. 测量能得到工件的具体尺寸，而检验只能确定工件是否超出规定的极限范围

   D. 测量多用于要素遵守独立原则，检验多用于要素遵守相关要求

2. 关于验收原则的说法，（ ）是正确的。

   A. 所用验收方法应只接收位于规定的尺寸极限之内的工件

   B. 所用验收方法应只接收位于规定的形状公差极限之内的工件

   C. 所用验收方法应只接收位于规定的位置公差极限之内的工件

   D. 所用验收方法应只接收位于规定的几何公差之内的工件

3. 上验收极限等于（ ）。

   A. 上极限尺寸减安全裕度，下验收极限等于下极限尺寸加安全裕度

   B. 下极限尺寸减安全裕度，下验收极限等于上极限尺寸加安全裕度

   C. 最大实体尺寸减安全裕度，下验收极限等于最小实体尺寸加安全裕度

D. 最小实体尺寸减安全裕度，下验收极限等于最大实体尺寸加安全裕度

4. 选择计量器具时，应使所选用的计量器具的测量不确定度数值 u（　　）所选定的计量器具的测量不确定度允许值 u_1。

A. 大于　　B. 大于或等于

C. 小于　　D. 小于或等于

5. 关于光滑极限量规，下列说法中错误的是（　　）。

A. 塞规用来检验孔，卡规用来检验轴

B. 通规控制工件的最大实体尺寸，止规控制工件的最小实体尺寸

C. 通规控制工件的提取组成要素，止规控制工件的提取组成要素的局部尺寸

D. 通规通过工件，同时止规不通过工件，则工件合格

6. 光滑极限量规的通规用来控制被测孔或轴的提取组成要素不得超出其（　　）。

A. 上极限尺寸　　B. 下极限尺寸

C. 最小实体尺寸　　D. 最大实体尺寸

7. 通规若能通过所测工件，则说明工件的提取组成要素（　　）。

A. 不超出工件的最大实体尺寸　　B. 大于工件的最大实体尺寸

C. 大于工件的最小实体尺寸　　D. 大于工件的最小实体尺寸

四、简答题

1. 试述验收极限方式的选择方法。

2. 计量器具的选用原则是什么？

3. 简要叙述泰勒原则。

4. 量规按用途可分为哪几种？各是如何定义的？

5. 简要说明为什么工作量规的通规应该作成全形的，而止规作成两点式的。

6. 分析在什么情况下允许量规结构形式偏离极限尺寸判断原则。

五、综合题

1. 用计量器具测量轴 $\phi80h6(^{\ 0}_{-0.019})$，按Ⅰ挡选择计量器具，用内缩方式确定验收极限。

2. 用计量器具测量孔 $\phi140JS9(\pm0.050)$，按Ⅰ挡选择计量器具，用内缩方式确定验收极限。

3. 用计量器具测量孔 $\phi150mm$，未注公差尺寸GB/T 1804—m，按Ⅰ挡选择计量器具并确定验收极限。

参 考 文 献

1. 胡荆生. 公差配合与技术测量基础习题册 [M], 北京：中国劳动社会保障出版社，2000.
2. 机械工业部. 公差配合与测量习题册 [M]. 北京：机械工业出版社，1999.
3. 何频. 公差配合与技术测量习题及解答 [M]. 北京：化学工业出版社，2004.